蒴果和粉种 天麻种子显微照片

彩图 1 天麻种子

彩图 2 天麻的原球茎（左）和米麻（右）

彩图 3 天麻的白麻（左）和箭麻（右）

彩图 4　红天麻（左）、乌天麻（中）和绿天麻（右）

菌落和菌丝

原种

栽培种

彩图 5　萌发菌

菌索

原种

栽培种

彩图 6　蜜环菌

彩图 7　天麻黑腐病的症状

彩图 8　天麻褐腐病的症状

彩图 9　天麻锈腐病（左图）和水浸病（右图）的症状

彩图 10　菌棒被疣孢霉侵染

新鲜天麻　　　　　　　　　　　干天麻

彩图 11　蜜环菌病理侵染

蛴螬虫体　　　　　　　　　　天麻受害状

彩图 12　蛴螬为害症状

花穗受害状　　　　　　　　　　茎秆受害状

彩图 13　蚜虫为害症状

天麻高效栽培

主　编　刘大会

副主编　王　丽　马聪吉　杨　野　陈骏飞

参　编　方　艳　胡　泉　刘旭燕　石亚娜

　　　　王家金　张智慧　左智天

机械工业出版社

本书是编者结合自身多年的生产实践经验编写而成的，内容包括天麻栽培概述、天麻的植物学特征和生物学特性、天麻优良品种介绍、天麻共生萌发菌菌种高效生产技术、天麻共生蜜环菌菌种高效生产技术、天麻种子高效生产技术、天麻种苗高效生产技术、商品天麻高效生产技术、天麻病虫害的诊断及综合防治技术及天麻的采收与加工。本书内容全面、图文并茂、通俗易懂，设有"提示"等小栏目，并附有天麻周年管理工作表、栽培口诀及注解等，力求使广大种植户、技术推广人员一读就懂，一看就会，使先进实用的技术真正转化为现实生产力。

本书可以供广大中药材种植户、技术推广人员阅读和参考，也可作为农林、中医药院校相关专业师生的参考用书。

图书在版编目（CIP）数据

天麻高效栽培/刘大会主编 . —北京：机械工业出版社，2017.9
（2024.11 重印）
（高效种植致富直通车）
ISBN 978-7-111-58107-9

Ⅰ.①天… Ⅱ.①刘… Ⅲ.①天麻－栽培技术 Ⅳ.①S567.23

中国版本图书馆 CIP 数据核字（2017）第 235740 号

机械工业出版社（北京市百万庄大街 22 号　邮政编码 100037）
总策划：李俊玲　张敬柱
策划编辑：高伟　郎峰 责任编辑：高伟　郎峰　陈洁
责任校对：张力　王明欣 责任印制：单爱军
保定市中画美凯印刷有限公司印刷
2024 年 11 月第 1 版第 4 次印刷
140mm×203mm · 6.75 印张 · 2 插页 · 162 千字
标准书号：ISBN 978-7-111-58107-9
定价：29.80 元

高效种植致富直通车
编审委员会

序

　　园艺产业包括蔬菜、果树、花卉和茶等，经多年发展，园艺产业已经成为我国很多地区的农业支柱产业，形成了具有地方特色的优势产区，园艺种植的发展为农民增收致富和"三农"问题的解决做出了重要贡献。园艺产业基本属于高投入、高产出、技术含量相对较高的产业，农民在实际生产中经常在新品种引进和选择、设施建设、栽培和管理、病虫害防治及产品市场发展趋势预测等诸多方面存在困惑。要实现园艺生产的高产高效，并尽可能地减少农药、化肥施用量以保障产品食用安全和生产环境的健康离不开科技的支撑。

　　根据目前农村园艺产业的生产现状和实际需求，机械工业出版社坚持高起点、高质量、高标准的原则，组织全国 20 多家农业科研院所中理论和实践经验丰富的教师、科研人员及一线技术人员编写了"高效种植致富直通车"丛书。该丛书以蔬菜、果树等园艺作物的高效种植为基本点，全面介绍了主要果蔬的高效栽培技术、棚室果蔬高效栽培技术和病虫害诊断与防治技术、果树整形修剪技术、农村经济作物栽培技术等，基本涵盖了主要的园艺作物类型，内容全面，突出实用性，可操作性、指导性强。

　　整套图书力避大段晦涩文字的说教，编写形式新颖，采取图、表、文结合的方式，穿插重点、难点、窍门或提示等小栏目。此外，为提高技术的可借鉴性，书中配有优势产区种植能手的实例介绍，以便于种植者之间的交流和学习。

　　丛书针对性强，适合农村种植业者、农业技术人员和院校相关专业师生阅读参考。希望本套丛书能为农村园艺产业科技进步和产业发展做出贡献，同时也恳请读者对书中的不当和错误之处提出宝贵意见，以便补正。

中国农业大学农学与生物技术学院

前　言

天麻（*Gastrodia elata* Bl.）为兰科天麻属植物，以赤箭之名始载于《神农本草经》，并列为上品，以后历代医书均记载天麻，在我国已有 2000 多年应用历史，具有息风止痉、平抑肝阳、祛风通络的功效，是我国常用的名贵中药材。随着国内外对天麻药用价值和食疗保健功效认识的逐步深入，市场对天麻的需求量也在逐年增加。

从 20 世纪 50 年代开始，我国科研工作者相继开展了天麻人工栽培技术研究并取得成功，从而结束了天麻不能人工栽培的历史。近 60 年来，随着人们对天麻植物的形态、生活史、生长发育特性，及其同萌发菌、蜜环菌相互关系研究的深入，天麻的栽培技术也日趋成熟和规范，人工栽培天麻的地区和面积也日益增多。种植天麻也成为一些边远山区发展经济，帮助农民脱贫致富的重要途径。

为了实现天麻的高产高效栽培，编者组织长期在一线从事天麻研究、教学与实践的同人，结合多年的生产实践经验，整合天麻栽培的新技术与新方法，撰写了本书。其主要内容包括天麻的植物学特征和生物学特性，天麻共生萌发菌和蜜环菌菌种的高效生产技术，天麻的高效繁育、栽培和加工，以及天麻病虫害的诊断及综合防治技术。另外，本书设有"提示"和"禁忌"等小栏目，还附有天麻周年管理工作表和栽培口诀及注解等，以帮助广大中药材种植户更好地掌握天麻栽培的技术要点。本书内容全面、图文并茂、通俗易懂，着眼于简明易学，可以供广大中药材种植户、技术推广人员阅读和参考，也可作为农林、中医药院校相关专业师生的参考用书。

需要特别说明的是，本书所用药物及其使用剂量仅供读者参考，不可照搬。在实际生产中，所用药物的学名、常用名与实际商品名称有差异，药物浓度也有所不同，建议读者在使用每一种药物之前，参阅厂家提供的产品说明书，科学使用药物。

在本书编写过程中，编者得到了有关专家、企业和天麻种植户的大力支持及帮助，并得到了国家中药材产业技术体系的资助，在此表示感谢！同时，编者参阅了与天麻栽培相关的书籍和文献资料，参考引用了一些专家学者的研究成果，在此表示感谢！希望通过大家的共同努力，普及和推广天麻栽培新技术，实现生产节本增效，提高天麻药材品质和产量，服务于我国医药与大健康产业，带动贫困山区老百姓脱贫致富。

由于编者水平有限，加之时间仓促，书中会有疏漏和错误等不妥之处，欢迎广大读者及同人批评指正。

编　者

目　录

第七章　天麻种苗高效生产技术

第八章　商品天麻高效生产技术

第九章　天麻病虫害的诊断及综合防治技术

第十章 天麻的采收与加工

附 录

参考文献

——第一章——
天麻栽培概述

天麻（*Gastrodia elata* Bl.）为兰科天麻属多年生草本植物，其地下干燥块茎为我国名贵的中药材。天麻包括原变型红天麻（*G. elata* Bl. *f. elata*）、绿天麻（*G. elata* Bl. *f. viridis* Makino）、乌天麻（*G. elata* Bl. *f. glauca* S. Chow）、黄天麻（*G. elata* Bl. *f. flavida* S. Chow）和松天麻（*G. elata* Bl. *f. alba* S. Chow），其中以原变型红天麻与乌天麻的栽培最为广泛。天麻无根，也无绿色叶片，整个生育期大部分生活在地下，不能进行光合作用，其种子必须与紫萁小菇（*Mycena osmundicola* Lange）等一类萌发菌建立共生关系才能获得营养而萌发；发芽后的原球茎分化生长出营养繁殖茎、米麻及白麻进行营养生长，并且都必须同化蜜环菌［*Armillariella mellea*（Vahl. ex Fr.）karst.］才能正常生长发育。因而，天麻栽培同传统园艺作物栽培有着很大区别。

第一节　天麻的栽培价值

一　本草考证

天麻以赤箭之名始载于秦汉时期的《神农本草经》，列为上品。《神农本草经》曰："赤箭味辛温。主杀鬼，精物蛊毒恶气。久服益气力，长阴，肥健，轻身，增年。一名离母，一名鬼督

邮。生川谷。"

魏晋时期《吴普本草》记载："鬼督邮，一名神草，一名阎狗。或生太山，或少室，茎如箭，赤，无叶，根如芋子，三月、六月、八月采根，日干。治痈肿（御览）。"

汉末时期《名医别录》记载："生陈仓、雍州，及太山、少室，三月、四月、八月采根，曝干。"

南北朝时期《本草经集注》记载："一名离母，一名鬼督邮。生陈仓、川谷、雍州及太山少室。三月、四月、八月采根，曝干。陈仓属雍州扶风郡。案此草亦是芝类。云茎赤如箭杆，叶生其端。根如人足，又云如芋，有十二子为卫。有风不动，无风自摇。如此，亦非世所见，而徐长卿亦名鬼督邮。又复有鬼箭，茎有羽，其治并相似，而益人乖异，恐并非此赤箭。"

唐代《新修本草》记载："赤箭，此芝类，茎似箭杆，赤色。端有花、叶，远看如箭有羽。根、皮、肉、汁与天门冬同，惟无心脉。去根五、六寸，有十余子卫，似芋，其实似苦楝子，核作五、六棱，中肉如面，日曝则枯萎也。得根即生啖之，无干服法也。"

宋代苏颂《本草图经》记载："天麻，生郓州、利州、泰山、崂山诸山，今京东、京西、湖南、淮南州郡亦有之。春生苗，初出若芍药，独抽一茎直上，高三、四尺，如箭杆状，青赤色，故名赤箭脂。茎中空，依半以上，贴茎微有尖小叶，梢头生成穗，开花结子如豆粒大。其子至夏不落，却透虚入茎中，潜生土内。其根形如黄瓜，连生一、二十枚，大者有重半斤或五、六两。其皮黄白色，名曰龙皮，肉名天麻。二月、三月、五月、八月内采。初取得乘润刮去皮，沸汤略煮过，暴干收之。嵩山、衡山人或取生者蜜煎作果食之，甚珍。"

宋代唐慎微《证类本草》记载："谨按今医家见用天麻，即是此赤箭根。今《补注》与《图经》所载，乃别是一物，中品之下又出天麻一目，注云出郓州。考今之所出，赤箭根苗，乃自齐郓而来者为上。今翰林沈公括最为博识，尝解此一说云：古方用天麻者不用赤箭，用赤箭者即无天麻，方中诸药皆同，而唯此名或别，即是天麻、赤箭本为一物，并合用根也。今中品之下，所别出天麻一目，乃与此赤箭所说，都不相干，即明别是一物尔。然中品之下所为天麻者，世所未尝见用，今就此赤箭根为天麻，则与今所用不相违。然赤箭则言苗，用之有自表入里之功；天麻则言根，用之有自内达外之理。根则抽苗径直而上，苗则结子成熟而落，返从秆中而下，至土而生，似此粗可识其外内主治之理。"

明代李时珍《本草纲目》记载："赤箭，以状而名；独摇、定风，以性异而名；离母、合离，以根异而名；神草、鬼督邮，以功而名。天麻即赤箭之根，《开宝本草》重出一条，详后集解下。"又记载："藏器曰：天麻，生平泽，似马鞭草，节节生紫花。花中有子，如青葙子。子性寒，作饮去热气。茎叶捣敷痈肿。承曰：藏器所说，与赤箭不相干，乃别一物也。时珍曰：陈氏所说，乃一种天麻草，是益母草之类是也。《嘉祐本草》误引入天麻下耳。今正其误。"

上述本草考证表明，天麻主产于我国，历代本草医书中对天麻的名称、产地、形态、采收时间、加工方法、临床疗效都有精炼的论述，汇集了历代医药学家的智慧和成果。同时也表明，天麻有着2000多年应用历史，具有良好的临床治病和保健养生疗效，备受历代医药学家推崇。

二 应用价值

1. 疗效考证

《神农本草经》载："赤箭味辛温。主杀鬼，精物蛊毒恶气。久服益气力，长阴，肥健，轻身，增年。"

《吴普本草》载："治痈肿（御览）。"

《名医别录》载："主消痈肿，下肢满疝，下血。"

《本草经集注》载："味辛，温。主杀鬼精物，蛊毒，恶气，消痈肿，下肢满疝，下血。久服益气力，长肥健，轻身增年。"

《嘉祐本草》载："味辛，平，无毒。主诸风湿痹，四肢拘挛、小儿风痫惊气、利腰膝，强精力，眩晕头痛等症。久服益气，轻身，长年。"

《本草纲目》载："天麻乃肝经气分之药。眼黑头眩，风虚内作，非天麻不能治。天订乃定风草，故为治风之神药。今有久服天麻药，遍身发出红丹者，是其祛风之验也。"

《本草新编》载："味辛、苦，气平，无毒。入肺、脾、肝、胆、心经。能止昏眩，疗风去湿，治筋骨拘挛瘫痪，通血脉，开窍，余皆不足尽信。此有损无益之药，似宜删去。然外邪甚盛，壅塞于经络血脉之间，舍天麻又何以引经，使气血攻补之味，直入于受病之中乎。故必须备载。但悉其功用，自不致用之之误也。总之，天麻最能祛外来之邪，逐内闭之痰，而气血两虚之人，断不可轻用耳。"

《药性论》载："治冷气顽痹，瘫缓不遂，语多恍惚，多惊失志。"

《日华子本草》载："助阳气，补五劳七伤，通血脉，开窍。"

《开宝本草》载："主诸风湿痹，四肢拘挛，小儿风痫、惊气，利腰膝，强筋力。"

《本草汇言》载："主头风，头痛，头晕虚旋，癫痫强痉，四肢挛急，语言不顺，一切中风，风痰。"

《中国药典》（2015 版，第一部）载："息风止痉，平抑肝阳，祛风通络。用于小儿惊风，癫痫抽搐，破伤风，头痛眩晕，手足不遂，肢体麻木，风湿痹痛。"

2. 化学成分

20 世纪 50 年代以来，我国学者对天麻中的化学成分进行了系统研究，发现天麻主要含有以下主要成分：

（1）**酚类化合物及其苷类** 天麻含有大量的酚类化合物及其苷类，包括对羟基苯甲醇-β-D-葡萄糖吡喃苷（天麻素）、对羟基苯甲醇（天麻苷元）、对羟基苯甲醛、赤箭苷、3,4-二羟基苯甲醛、4,4'-二羟基二苯基甲烷、4,4'-二羟基二苄醚、对羟苄基乙基醚、三［4-（β-D-吡喃葡萄糖氧）苄基］柠檬酸酯、4-乙氧甲苯基-4'-羟苄基醚、4-（4'-羟基苯氧基）苄基甲基醚、4-羟基苄基甲醚。其中，《中国药典》将天麻素和对羟基苯甲醇作为天麻的指标成分。

（2）**多糖类化合物** 多糖也是天麻中重要的活性成分，现已从天麻中分离得到 GE-Ⅰ、GE-Ⅱ、GE-Ⅲ、WGEW、AGEW、GBP-Ⅰ、GBP-Ⅱ、WPGB-A-H、WPGB-A-L、GEPⅠ、GEPⅡ、GEPⅢ等多糖类成分及蔗糖。天麻多糖的单糖主要由戊糖和己糖构成，如戊糖中的木糖，己糖中的葡萄糖、半乳糖、鼠李糖等。

（3）**甾醇及有机酸类** 从天麻中分离到的甾醇化合物有 β-谷甾醇、豆甾醇和胡萝卜苷，分离得到的有机酸有柠檬酸、柠檬酸单甲酯、柠檬酸双甲酯、琥珀酸、棕榈酸、L-焦谷氨酸。

（4）**其他** 天麻含有天麻羟胺和L-焦谷氨酸两种含氮化合物及黏液质、腺嘌呤、腺嘌呤核苷。天麻中富含天门冬氨酸、谷氨酸、丝氨酸、甘氨酸、亮氨酸、精氨酸等各种氨基酸。另外，天麻还含有 N、P、K、Ca、Mg、Fe、Mn、Cu、Zn 等矿物质元素。

3. 现代药理研究

现代药理研究表明，天麻具有以下药理功效：

（1）**抗惊厥作用** 天麻的抗惊厥机制主要有2个方面：抗氧化作用和对 γ-氨基丁酸（GABA）系统的调节作用。天麻提取物可以显著抑制同侧脑皮层的脂质过氧化水平升高，增强同侧脑皮层线粒体的超氧化物歧化酶的活性，体外实验中还表现出剂量依赖的自由基清除作用。进一步的研究表明，对羟基苯甲醇和香草醛（3-甲氧基-4-羟基苯甲醛）是过氧自由基和羟自由基的有

效清除剂，可以抑制大鼠脑匀浆、微粒体和线粒体的铁依赖脂质过氧化；对羟基苯甲醇和香草醛以剂量依赖方式抑制 $Fe(II)$—H_2O_2 引起的脱氧核糖、谷氨酸和 2-氨基丁酸等损伤。天麻给药可以显著降低红藻氨酸引起的体外脂质过氧化水平，并显著减轻红藻氨酸引起的体内惊厥行为。天麻甲醇提取物的乙醚萃取部分可以对抗戊四氮引起的惊厥，其中对羟基苯甲醛对 γ-氨基丁酸转氨酶（GABA-T）的抑制作用和抗氧化作用可能是天麻抗惊厥的部分原因。

（2）镇静作用　天麻注射液与戊巴比妥钠、水合氯醛及硫喷妥钠等均有协同作用，使小鼠睡眠时间延长，对小鼠的自主活动有明显的抑制作用。天麻苷元的 9 种同系物和 5 种同型物均具有中枢镇静作用。正常成人服用天麻素或天麻苷元后出现嗜睡感，脑电图的 α 波指数降低，出现睡眠波型。

（3）镇痛作用　天麻具有明显的镇痛作用。皮下注射天麻制剂 5g/kg 能明显对抗小鼠因腹腔注射醋酸引起的扭体反应。小鼠热板法也表明天麻制剂有提高痛阈的作用。

（4）神经保护作用　天麻甲醇提取物的乙醚萃取部分可以保护红藻氨酸所致的小鼠神经细胞损伤，可以减轻惊厥程度。香草醛和对羟基苯甲醛可以显著抑制谷氨酸引起的 IMR-32 人神经母细胞瘤细胞的凋亡和胞内 Ca^{2+} 的升高；而且，天麻对 β-淀粉样肽引起的 IMR-32 人神经母细胞瘤细胞的死亡具有保护作用，并且乙醚萃取部分的保护作用最好。天麻素可以显著减小短暂大脑中动脉闭塞的大鼠脑梗死体积和水肿体积，改善神经学功能；显著抑制缺氧缺糖和谷氨酸引起的神经细胞死亡。

（5）对心血管的保护作用　天麻对心脏有保护作用，可以影响垂体后叶素对大鼠所引起的心肌缺血的心电图变化，还可以提高冠状动脉流量。灌服天麻制剂 10 天后发现对白鼠高血压模型有显著降压作用。实验表明，天麻素具有降低血压和外周血管阻力，增加动脉血管中血流惯性，以及中央和外周动脉血管的顺应性等作用。天麻水醇提取物能使躯体血管、脑血管和冠脉血管的阻力明显降低或流量增加，并有提高动物耐缺氧的能力。大鼠十二指肠和腹腔注射给药均显示天麻具有降压和减慢心率的作用。静脉注射天麻注射液对大鼠和家兔有迅速降压作用。

(6) 改善学习记忆的作用 天麻可以对抗东莨菪碱引起的小鼠避暗潜伏期缩短，表明天麻可以改善东莨菪碱引起的学习记忆损伤。应用被动回避性反射跳台法来检测小鼠学习记忆的获得能力，天麻均能减少 D-半乳糖衰老小鼠的跳台错误次数，这说明天麻能改善小鼠学习记忆的认知功能和获得障碍。天麻醇提物 10～40g/kg 能明显增加旋转后小鼠的进食量，提高旋转后小鼠在方形迷宫中的学习分数及到达安全区小鼠的百分率。用小鼠跳台实验观察天麻醇提取物对东莨菪碱、亚硝酸钠、乙醇所致的小鼠记忆损伤病理模型的影响，结果显示天麻醇提物对小鼠的学习记忆能力具有明显的改善作用。日本用天麻注射液治疗阿尔茨海默病，有效率达 81%。

(7) 抗衰老作用 将天麻制成胶囊给老年人服用，3 个月后测定其血清中 HOP 的含量，临床观察发现，血清 HOP 含量明显增高，说明天麻有抗衰老的作用。患有心脑血管疾病的患者，连续口服天麻 3 个月，患者血清中的 SOD 含量显著升高。给小鼠口服天麻煎剂，其血清中 SOD 的活性明显增高。

(8) 抗缺血缺氧作用 天麻水醇提取物能防止垂体后叶素所致的大鼠心肌缺血。在常压或常压加异丙肾上腺素的缺氧时，天麻水提取物可明显延长小鼠的死亡时间，并降低小鼠在低压缺氧时的死亡率，说明天麻可提高小鼠的耐缺氧能力。

第二节　天麻的栽培历史与产地分布

一　天麻的栽培历史

天麻在我国有 2000 多年的应用历史，但因对天麻的植物学特征和生长发育习性不清楚，古代和近代一直未实现天麻的人工栽培，仅靠采挖野生资源供药用。1911 年，日本学者草野俊助发现了天麻和蜜环菌的共生关系。1958 年，我国学者开始报道天麻栽培方法。此后，四川、北京、云南等地学者先后开展了天麻人工栽培技术攻关，其中北京中国医学科学院的徐锦堂和云南中国科学院昆明植物研究所的周铉是攻克天麻人工栽培技术的关键学者，并在全国进行了大规模推广应用，所栽培的天麻分别被称为"北天麻"和"南天麻"。

　　徐锦堂于 1959 年在湖北利川开始天麻人工栽培研究工作。1963～1965 年，他先后在湖北利川和恩施，四川古蔺和峨眉山，以及重庆石柱县等天麻产区，对野生天麻生长的生态条件、繁殖方法、生长规律及其与蜜环菌的关系进行了调查研究，分离得到蜜环菌菌种。1965 年，他利用野生蜜环菌菌材伴栽天麻获得成功，首创了利用蜜环菌侵染过的野生树根做菌种培养菌材的方法，结束了我国天麻不能人工栽培的历史。1972 年，徐锦堂同他人协作发明了"天麻无性繁殖——固定菌床栽培法"，取得了高产稳产的效果，并在全国进行了大规模推广。1980 年，他发明的"天麻有性繁殖方法——树叶菌床法"获得了国家技术发明奖二等奖。1980～1981 年，他进一步从天麻种子发芽的原球茎中分离、筛选出 12 种天麻种子共生萌发菌，不仅从理论上阐明了天麻种子发芽与真菌的营养关系，同时应用于生产，使天麻种子的发芽率提高了 30% 左右。1993 年，徐锦堂同冉砚珠编著出版了《中国天麻栽培学》，第一次系统地介绍了天麻人工栽培的相关理论和技术。

　　周铉于 1966～1979 年在云南昭通彝良县小草坝朝天马林场开始了长达 13 年的天麻无性、有性繁殖方法的研究与实践。他发明了"带菌须根苗床法"，首次实现了天麻种子的有性播种繁殖。1974 年和 1981 年，他分别发表了《天麻有性繁殖》和《天麻生活史》2 篇论文，介绍了其成功利用天麻种子进行有性繁殖和生产商品麻的方法。1987 年，周铉与杨兴华等合作出版了专著《天麻形态学》，详细介绍了天麻形态解剖学工作和天麻的栽培情况。1988 年，他主持完成的"中国天麻属植物的综合研究"，获云南省科技进步三等奖。

另外，四川省中药研究所的刘玉亭，中科院昆明植物研究所的刘方媛，南京药学院的沈栋侠，庐山植物园的杨涤清，广西植物园的黄正福，南京中医学院的庄毅、王永珍，以及贵州植物园的牟必善、袁崇文等学者在 20 世纪 60～80 年代也先后从事天麻栽培研究，均为解决我国天麻资源短缺、探索天麻栽培技术做出了贡献。

20 世纪 90 年代以后，全国科研人员在前人的基础上，进一步开展了天麻两菌优良菌株筛选和生产技术、杂交育种技术、有性高效繁育技术、规范化栽培（GAP）技术、产地加工技术和质量控制技术的研究，取得了一大批先进实用的科研成果，并在陕西、湖北、云南、贵州、安徽、四川等省进行推广，涌现出一大批"天麻之乡"，缓解了天麻药材原料的需求，成为山区农民脱贫致富的有效途径，取得了显著的经济效益和社会效益。

二 天麻的产地分布

天麻属在兰科中隶属树兰亚科、天麻族、天麻亚族。全世界有 20 多种，分布于热带、亚热带、温带至寒温带山地，在马达加斯加、斯里兰卡、印度、新几内亚、澳大利亚、新西兰、日本、韩国、朝鲜、中国、俄罗斯远东地区等均有分布。

周铉先生将我国天麻分为以下 5 个变型：原变型红天麻、绿天麻、乌天麻、黄天麻和松天麻。目前，生产中栽培的主要是红天麻和乌天麻。

我国是世界上野生天麻分布的主要国家之一，南起滇中山区，北至黑龙江省的尚志、林口等县；东起台湾地区的兰屿岛及黑龙江省的东宁等县，西至西藏的错那等地。北纬22°~46°、东经91°~132°范围内的一些山区、潮湿的林地为野生天麻的分布区。野生天麻主产于云南昭阳、镇雄、永善、巧家、彝良、威信、盐津，贵州的毕节、赫章、纳雍、织金、黔西，四川的宜宾、叙永、雷波、泸州、乐山、凉山等地。上述品种，新中国成立前多集中在重庆输出，统称"川天麻"，产量大，质量好，尤以云南彝良小草坝的产品最佳，称为"地道药材"。此外，湖北、陕西等省也有部分出产，品质较逊，统称"什路天麻"。

栽培天麻主产于云南彝良、镇雄、丽江，贵州大方、德江、都匀，湖北宜昌、利川、英山、罗田，安徽金寨、岳西，陕西宁强、城固、勉县、汉中，四川通江、广元、南充，河南西峡、商城，吉林抚松、长白山，以及甘肃、湖南、西藏、浙江等地区，其中以安徽、湖北、陕西、云南、贵州等省产量大。

第三节　我国天麻生产中存在的问题与对策

当前，我国正在大力发展中医药事业。天麻作为一种常用的名贵中药材，需求量巨大。发展天麻高效栽培，对保证天麻药材的有效供应，带动地区经济发展和山区老百姓脱贫致富均具有重要意义。但当前我国天麻种植生产中有些问题非常突出，亟待解决。

一　种质资源保护

1. 存在的问题

我国天麻长期依赖野生，由于对野生天麻资源缺乏应有的保护，乱采滥挖野生天麻导致生态环境的逐步恶化，野生天麻资源日渐稀少，正濒临灭绝，已被列入《国家重点保护野生植物名录》和《中国珍稀濒危保护植物名录》。另一方面，人工栽培天麻存在严重的种质退化问题，急需保留野生天麻种质资源的优良基因进行品种选育、改良和复壮。天麻种质资源保护形势越来越严峻。

2. 对策

要大力加强天麻种质资源的保护。一方面，在我国野生天麻分布区建立自然保护区，保护区内严格禁止采挖野生天麻，实行天麻种质资源的原位保护。另一方面，加强天麻种质资源保存技术的基础研究，建立天麻种质资源收集保存和研究体系，实现天麻种质资源的迁地保护。

二 菌种退化

1. 存在的问题

（1）萌发菌菌种退化　退化的萌发菌菌种转接在试管中时生长缓慢，或不萌发，或萌发生长过程中衰退而停止生长。试管菌种在接入原种和栽培袋中时，菌种块萌发和生长极其缓慢，或不萌发，并有黄色或褐色斑迹。用这样的萌发菌进行天麻有性繁殖时，会使天麻种子的发芽率大大降低，甚至"颗粒无收"。

（2）蜜环菌菌种退化　蜜环菌母种经过多代转管后，种质退化，菌丝体萌生慢，分枝菌索少；原种和栽培种菌索生长不均匀，质量下降。生产栽培上，退化的菌种在菌材上"吃料"不充分和不均匀，形成的菌索无弹性、易碎，或产生"空壳"菌索。造成种植的天麻个头小、产量低、质量差，甚至空塘。有些天麻产区，种植户采用老菌棒培育新菌棒的办法来繁殖蜜环菌，但蜜环菌因多代繁殖，导致菌索变细变密，分枝增多，蜜环菌种性退化，侵入天麻种栽和椴木的能力大大降低，菌材的转化率降低，树木资源浪费严重，并引起天麻产量的下降。

2. 对策

要解决天麻两菌（萌发菌、蜜环菌）的退化问题，一是要加强优良野生菌种资源的收集、分离和纯化，不断筛选优异菌株资源用于天麻生产；二是要加强天麻商品两菌子实体培养技术的研究，加强两菌的提纯和复壮，保留优良菌种资源的种性；三是要加强两菌生产技术的提升，保证生产菌种的质量；四是避免蜜环菌老菌材的重复利用。

三 种质退化

1. 存在的问题

天麻无性繁殖多代后，造成白麻个头变少、变大、变形（老种子），箭麻个头变小、变形且不能形成箭芽，茎秆、花和果实颜色变浅，种子数量减少，并且种子无胚或胚发育不健壮率升高，天麻抗逆性下降、产量降低、质量下降。另一方面，天麻为虫媒花，野生天麻依靠芦蜂来授粉，存在天然杂交。人工栽培后，采用人工授粉，多为自交结实，长期自交导致种性退化，降低了天麻种子的生活力。天麻品种的选育工作也进展缓慢，主要以农家自留种为主。

2. 对策

要解决天麻种质退化的问题，一是大力推广天麻有性繁育技术，避免天麻无性繁殖种性退化；二是实行仿野生栽培，让其在野生条件下生长，增强天麻的抗逆性；三是在不同生态区建立天麻种质资源圃，收集和保存天麻野生与栽培的种质资源，加强天麻的品种选育；四是开展天麻群体杂交制种技术的研究，实行株间杂交，防止天麻长期自交使种性退化。

四 种植管理

1. 存在的问题

一是一些边远山区种植户的技术水平较低，先进的生产管理技术推广普及不够，导致天麻种植不成功或产量低下，经济效益差；二是有些天麻产区的种植户习惯于长期采用新、旧棒伴栽法，大窝连作，导致天麻退化减产；三是一些地区不充分考虑天麻生产对自然生态环境的要求，盲目大批引种，导致引种栽培失败或产量下降，质量降低；四是一些传统老种植区，天麻栽培面积比较大，更换地块受到限制，长期集中栽培引起生态环境恶化，蜜环菌代谢产物积累导致土壤变酸，菌材杂菌感染厉害，危害天麻的病虫害增多，引发天麻黑斑病、锈腐病等病害发生，导致产量和质量下降。

2. 对策

要解决种植管理水平低的问题，一是要合理规划和统筹安排，在适宜发展天麻生产的生态区域种植天麻菌材林，合理开发、利用林业资源来发展天麻林下栽培，避免盲目引种；二是推广和普及天麻成熟的生产技术和科研成果，改进栽培技术，大力实施规范化栽培和生态化栽培，提高天麻产量和质量；三是在一些传统老种植区实行轮作休地，抚育菌材林，和其他中药材轮作，减少病虫害。

五　生态环境破坏

1. 存在的问题

种植天麻要砍伐树木做菌材。天麻种植户采用的菌材主要是青冈、板栗等树种，但这些树种生长较慢，加之部分种植户为了追求快速的经济效益而无度砍伐林木，甚至毁林种麻，一砍一大片，导致生态环境遭到严重破坏。而且，天麻栽培区域也是我国长江、黄河防护林工程建设和水土保持区域，树木是禁止砍伐的，这与林业发展矛盾。如何解决这一矛盾，是天麻产业持续、健康发展的关键。另外，还存在菌材利用不充分、浪费程度大、菌材利用地集中、病虫害危害大等问题。

2. 对策

要解决天麻种植需要的菌材问题，一是政府部门严格控制天麻种植户的乱砍滥伐行为，根据当地的森林资源科学地下达砍伐指标，有步骤有计划地采取分片区砍伐、间伐和边砍边种等方式，避免种一片天麻毁坏一片山林；二是加强速生菌材树种的筛选、高效种植和轮回砍伐技术研究，大力发展天麻人工菌材林，实现天麻产业的可持续发展；三是开展天麻菌材替代技术攻关，充分利用农业废弃物和小树枝来种植天麻，部分替代树棒，减少树木的砍伐；四是开展天麻节本增效技术攻关和林下仿生栽培，提高菌材的利用效率，增加天麻的产量，从而减少天麻菌材使用量；五是加强老菌棒的综合利用，利用老菌棒种植猪苓、竹荪，将废菌棒压制成燃料块供制菌种锅炉燃烧，以充分利用资源。

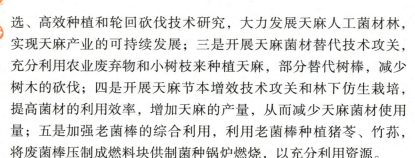

六 老塘连作

1. 存在的问题

种植天麻的老塘连作，菌材杂菌感染严重，蜜环菌被木霉寄生。老塘连作 2 年，天麻的产量降低一半，连作 3 年则几乎绝收。而且，老塘病虫害发生严重，导致天麻质量下降。

2. 对策

要解决天麻种植老塘连作的问题，一是要及时清除田间老菌材；二是合理轮作，利用老塘、老地来种植黄精、龙胆草等中药材；三是老地种植菌材林，合理轮作休地。

七 产地加工不规范

1. 存在的问题

在一些产地，新鲜天麻的烘烤加工还是以手工作坊为主，直接烧燃煤进行烘烤，因燃煤中硫含量高，导致加工干天麻硫超标；甚至在烘烤过程中直接熏硫黄来防止天麻变馊和变褐。有些加工厂为保证天麻颜色好看，在天麻烘烤加工过程中使用漂白粉、亚硫酸钠、过氧化氢（双氧水）等浸洗天麻，导致天麻二次污染和质量下降。

2. 对策

要解决天麻产地加工不规范的问题，就应加强天麻无硫加工工艺与技术的研究，实行集中化、标准化加工，提高产品质量。

---第二章---

天麻的植物学特征和生物学特性

天麻是与真菌共生的多年生草本植物，无根、无绿色叶片，不能通过光合作用制造营养，为异养型的兰科植物。在它的个体发育中，从种子萌发到原生块茎（或原球茎）的生长，需要消化侵入的石斛小菇、紫萁小菇等萌发菌而获得营养。发芽后的原生块茎及营养繁殖茎，需要和蜜环菌建立营养关系，这样才能正常生长发育，生成米麻、白麻和箭麻。因此，天麻的植物学特征和生物学特性与其共生的萌发菌和蜜环菌紧密联系在一起。

第一节　天麻的植物学特征

天麻的植物学形态器官包括种子、块茎、花茎、花、果实（图2-1）。

一　种子的形态特征

天麻种子细小如粉粒状，呈纺锤形至新月形。种子长 0.8 ~ 1mm，中部宽 0.16 ~ 0.2mm。种子由胚及种皮两部分构成，无胚乳。种皮由单层无色透明的薄壁细胞组成，向两端延伸成翅。种胚无胚乳，系核细胞受精后败育所致。成熟胚显黄色，倒卵形，长约 0.2mm，宽约 0.12mm，由数十个原胚体细胞和分生细胞组成。胚前端分生细胞小，体积大约为其他原胚细胞的1/4，细胞中原生质较浓，细胞核较大，多糖颗粒较小；分生细胞后端为原胚细胞，多糖颗粒较大、较多，有细胞质和细胞核。其末端一个基细胞呈倒三角形，内含的多糖颗粒较其他原胚细胞小，突出在椭圆形胚的末端，称其为柄状细胞（彩图1）。

图2-1　天麻的植物形态

二　原球茎和块茎的形态特征

天麻种子萌发的球茎，只有顶端分生组织而无侧芽，故称为原球茎。天麻无性繁殖生长的地下茎都称为块茎。块茎在不同的发育阶段，其形态大小明显不同：具有顶生花茎芽的块茎称为箭麻，不具有花茎芽的较大块茎称为白麻，如豆粒大小的小块茎称为米麻。此外，米麻、白麻换头生出新生麻后，箭麻抽茎开花后，其原栽母体称作母麻。

1. 原球茎

原球茎是由萌发的天麻种子胚形成的，与种胚的形态相似，呈气球状尖圆形，包括原球体和原球柄两部分，一般长 0.4 ~ 0.7mm，直径为0.3 ~ 0.5mm（彩图 2）。

2. 米麻

米麻是由种子萌发后的原球茎继续生长形成的天麻块茎，或是由白麻、箭麻、母麻分生出较小的天麻块茎个体。一般较小，长度在 2cm 以内，重量在 2g 以下的小天麻，统称为米麻。米麻繁殖系数较高，宜做扩繁种栽用（彩图 2）。

3. 白麻

2cm 以上不能抽薹出土的天麻块茎叫白麻，比箭麻较小的次成熟天麻块茎，新鲜时为黄白色。一般白麻个体较小，长尖圆形，长 2 ~ 11cm，直径为 2 ~ 3.5cm，重量为 2 ~ 50g。有明显的环节，节处有薄膜鳞片，顶芽不明显，顶端具有尖圆形生长锥，初夏长出又白又壮的"嫩芽"，故又称"白头麻"。白麻的繁殖能力强，多做种用，因此也叫"种麻"（彩图 3）。

4. 箭麻

箭麻也叫商品麻或药用麻，是由白麻生长发育成熟且能抽薹开花结果的天麻块茎。块茎长 5 ~ 20cm，径粗 2 ~ 8cm，一般鲜品个体重 50 ~ 300g，长圆柱形、哑铃形或椭圆形，肉质肥厚，有 7 ~ 30 个较明显的环节，节处有膜质鳞片，下有休眠芽。块茎后端有颈基（脐点），前端有鹦鹉嘴状的暗红色或绿色混合芽（鹦哥嘴），第二年抽薹，茎秆似箭，故称"箭麻"。箭麻可开花结实，进行有性繁殖（彩图 3）。

【提示】 箭麻具有 3 大特征：顶生花茎芽形状如"鹦哥嘴"，尾部的脱落痕称为"肚脐眼"，周身的芽眼称为"芝麻点"。

5. 母麻

米麻、白麻换头生出新生麻后，箭麻抽茎开花后，其原栽母体称作母麻。其既是无性繁殖顶侧芽旺盛的分化和生长繁殖区，又有同化侵入真菌，吸收营养物质的功能。

三 花茎和鳞片叶的形态特征

1. 花茎

顶芽发育成熟的箭麻，经过低温休眠后，在温度、湿度适宜的条件下，抽出一根直立的、圆柱形茎秆，一般高 50 ~ 150cm，直径为 0.5 ~ 2cm，肉质、中实呈海绵状，枯老时中空。因生态型不同，花茎有水红色、浅黄色、灰棕色、黄色、浅绿色和青绿色等。一般一株花茎有 5 ~ 7 个节，各节长短不一，基部的较短而粗，渐向上的节间细而长。

2. 鳞片叶

天麻无典型的绿色叶片，叶退化为膜质鳞片叶，互生，长2 ~ 3.5cm，具有细脉，上部分裂为 2，下部呈短鞘状，抱于茎上，边缘呈波状，叶的维管束横向与节上的外轮维管束相连。

四 花序和花的形态特征

1. 花序

天麻为顶生总状花序，长 10 ~ 30cm，苞片膜质，狭披针形或线状长椭圆形，一般每株可开 30 ~ 70 朵花，多的可达 100 多朵，花自下而上开放。

2. 花

天麻为两性花，左右对称，花萼与花冠基部合生成歪斜的花被筒，长约 1cm。花冠口偏斜，顶端有 5 枚裂片，排列成两轮，外轮萼片 3 枚，内轮 2 片为花瓣的裂片。花开时，花冠斜偏，直径为 6 ~ 7mm。唇瓣从花筒基部倾斜长出，位于较上部的花瓣大，长约 8mm，下部宽 6mm，顶端三裂，中裂片为舌状，表面凸凹不平，边缘有片状流苏缘，唇瓣基部有 1 对白绿色、透明的肾形胼胝体，内含蜜腺。花筒外形成一条腹缝。雄蕊和雌蕊合生成蕊柱，位于花的中央，5～8mm，上为雄蕊，花药有两室，花粉呈块状，顶覆花药床（俗称花药帽盖）；蕊柱中下部腹侧为雌蕊，有黏盘可授花粉，子房下位。

五　蒴果的形态特征

天麻开花授粉后，子房逐渐膨大，发育成果实。天麻的果实为蒴果，呈长卵形或长倒卵形，有短梗，长 1～2.5cm，直径为 0.5～1cm。果实分 3 室，有 6 条纵缝线，成熟时果皮由缝线处自行开裂形成 6 瓣，种子由纵缝线中散出。蒴果顶端常留有花谢的残迹。天麻果实的成长大约可分为 3 个时期：幼果形成期、幼果生长期、果实成熟开裂期。

第二节　天麻的生长发育规律

天麻属多年生草本植物，从种子播种到开花结实，一般需要跨 3～4 个年头，共 24～36 个月的时间周期，包括种子萌发、营养生长、生殖生长 3 个阶段。

一　天麻的生活史

天麻从种子成熟、播种再到新天麻结出种子，所经历的生长发育全过程被称为天麻的生活史或天麻的生活周期，包括种子萌发、原球茎生长发育、第一次无性繁殖至米麻和白麻形成、第二次无性繁殖至箭麻形成、箭麻抽薹开花结种 5 个阶段，其中前 4 个阶段称为天麻的营养生长期，后 1 个阶段称为天麻的生殖生长期（图 2-2）。

1. 种子萌发

天麻种子的种胚没有分化，并且没有储存种子萌发时所必需的营养物质，所以萌发时不仅要求有适宜的温度、氧气和水分，

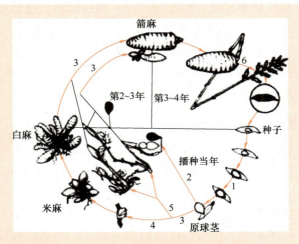

图 2-2　天麻的生活史
1—种子接萌发菌萌发　2—未能接蜜环菌　3—接蜜环菌
4—早期接蜜环菌　5—晚期接蜜环菌　6—开花结实
注：本图引自徐锦堂《天麻栽培学》。

还需要萌发菌为其提供营养物质。天麻种子一般在 6～8 月开始
与萌发菌伴播，被萌发菌侵染后，与其建立共生关系。播种 10
天左右种胚细胞开始分化，15 天后胚直径显著增加，种胚逐渐达
到与种皮等宽的程度。20 天左右，种胚继续膨大，种子成为两头
尖中间鼓的枣核形，胚逐渐突破种皮而发芽，形成原球茎，种皮
仍附着在原球柄上。温度、湿度及所接萌发菌的不同菌株，都影
响种子发芽率的高低和原球茎的生长速度。

【提示】　天麻种子不耐储藏，自然室温下放置 3 天后，种子
的活力降低 60% 以上，发芽率降低 75% 以上。5℃ 低温储藏，
种子可保存 1～2 个月。

2. 原球茎的生长发育和第一次无性繁殖

发芽后的原球茎，仍靠消化侵入的萌发菌获得营养，分生细

胞不断分裂，体积仍在增大，然后分化出第一片苞被片。不管原球茎能否接上蜜环菌，在发芽的当年，其都能分化出营养繁殖茎，开始进行第一次无性繁殖。播种后 30 ~ 40 天，原球茎上可明显看到乳突状苞被片突起，营养繁殖茎突出苞被片生长。如果未接上蜜环菌，新生的营养繁殖茎细长如豆芽状，有的可长达 3 ~ 4cm，由于营养亏缺，顶端虽分生出瘦小的小米麻，但冬季大部分会死亡。原球茎分化生长出营养茎后，营养繁殖茎被蜜环菌侵染，在营养丰富的情况下，播种当年营养茎顶端的生长锥和侧芽都可分生出十余个粗壮的米麻和白麻。种子种植当年，天麻以米麻、白麻越冬。大的白麻长可达 6 ~ 8cm，直径为 1.5 ~ 2cm，重 8 ~ 10g，已达到作为种苗移栽的标准。

> 【提示】 幼嫩的原球茎在天麻生命过程中是最薄弱的一个环节，大量的个体在原球茎阶段夭亡，只有个别幸存者能与蜜环菌接触，正常生长繁殖，延续后代。

3. 第二次无性繁殖

第二年春季（一般在 4 月），越冬后的米麻和白麻结束休眠，开始萌动生长，进行有性繁殖后第二次无性繁殖。米麻、白麻被蜜环菌侵染后，靠与其共生获得营养，继续生长发育。到秋末，米麻营养繁殖茎前端已长成白麻，而白麻营养繁殖茎前端的顶芽发育成具有明显顶芽的成熟天麻块茎——箭麻。

4. 生殖生长阶段

越冬后第 3 年春天，箭麻的芽体萌动、抽薹出土，花茎芽伸出地面生长成为花茎，支撑着植株的地上部分，并将地下的块茎和地上的鳞片及花果连接在一起，进行水分、溶质及养分的输导。待成熟种子自果内散出后，地下块茎（次生块茎）即全部被蜜环菌菌索所侵染，所储藏的营养也在开花结果过程中消耗殆尽，全株逐渐腐烂溃解，结束其一生。自花茎芽出土至种子散出所经历的时间，因天麻的种类和地区的差异而有所不同，一般为50~65天，约占天麻一生所经历时间的5%，其余95%左右的时间完全生活在地下。

> **【提示】** 天麻生长发育周期的长短，同生长地区的气候条件、接萌发菌与蜜环菌的早晚和营养物质反复亏缺等因素有关。
>
> 　　低海拔地区，由于温度较高、天麻种子成熟早（6月成熟）、播种早、发芽早，一般24个月可完成生活史；高海拔地区，由于温度较低、天麻种子成熟晚、播种晚、发芽晚，一般需要36个月才能完成生活史。
>
> 　　在低海拔地区，虽然6月种子能成熟播种，但如果种子未能及时接上萌发菌，直至8~9月才接菌萌发，也需要36个月才能完成生活史。
>
> 　　种子播种后及时接萌发菌萌发，但由于未及时被蜜环菌侵染，9~10月才接上蜜环菌长成小米麻，这种情况下也需要36个月才能完成生活史。
>
> 　　米麻、白麻在生长发育过程中，由于营养物质反复亏缺，或者营养满足与亏缺频繁交替，仅能维持自身生命，因而生活史要延长或完成不了一代生活史。

二　天麻的物候期

1. 块茎生长物候期

按天麻块茎不同的形态组成，将天麻块茎生长划分为休眠期、萌动期、白麻期、箭麻期、损耗期共5个物候期。

(1) 休眠期　上一年11月中下旬~当年4月初，此阶段为麻种（白麻）休眠期，没有萌动现象。周围蜜环菌有生长但未能与白麻麻种很好接触，麻种顶部与侧部均未见新芽生长。此阶段为麻种的定植期。

(2) 萌动期　当年4~6月，此阶段麻种萌动转变为母麻。母麻顶部与侧部长出嫩白色新芽（营养繁殖茎），少量营养繁殖茎顶端分化出小白麻；母麻颜色发黄，部分有黑色斑点；母麻或营养繁殖茎缠绕接上蜜环菌。

（3）白麻期　当年 6～9 月，此阶段白麻迅速生长并膨大，是天麻产量形成的关键时期。母麻被蜜环菌缠绕的面积逐渐加大，开始有皱缩现象出现，颜色偏暗；大量营养繁殖茎接蜜环菌，接菌部位颜色发黄；白麻明显膨大并区分于营养繁殖茎，顶生的白麻体积较大，生长迅速，侧生白麻较小，此时白麻顶部仍是生长锥，未分化出花茎芽，故还未有箭麻形成；营养繁殖茎上生长着众多新生小白麻。

（4）箭麻期　当年 9～10 月，天麻仍在慢速生长，但有箭麻形成。母麻整体颜色发黑且皱缩严重，部分母麻已经成为空壳，但未腐烂完全。多数营养繁殖茎伴随其上着生的小白麻消失，其他存活的白麻继续生长膨大，顶生的及少量侧生的大白麻顶端分化长出鹦哥嘴，逐渐转化为箭麻。营养繁殖茎与其上着生的小白麻较 8 月而言数量锐减。

（5）损耗期　当年 11 月～第二年 3 月，天麻停止生长，有新麻被侵染蜜环菌、变黑、腐烂、缩水现象，处于耗损期，应注意及时采收。母麻皱缩、中空、腐烂，营养繁殖茎几乎全部脱落腐烂，导致新麻与母麻连接脆弱。

2. 箭麻生长物候期

箭麻顶端花茎经过冬季休眠后，萌动出土，到种子成熟植株倒伏，全过程物候期分为出苗期、现蕾期、开花期、结果期、种子成熟期和倒苗期，这是天麻生活史中唯一在地上生长的阶段。由于箭麻在混合芽萌动前已经储备了供其抽薹、开花、结实所需的营养物质，所以，箭麻从抽薹开花直至种子成熟，完全依靠自身储备的营养物质，不再需要蜜环菌供给营养。不同海拔地区天麻箭麻发芽出土的时间相差很大，高海拔地区与低海拔地区可相差 2 个月以上。天麻花茎伸长的时间和速度，随产地、类型和海

拔高度的不同而有不同。

（1）出苗期　箭麻花茎芽萌动、突破土表露出地面为出苗期。

（2）现蕾期　花茎出土后迅速生长，花梗伸长，花蕾露出苞片为现蕾期。

（3）开花期　花梗离中轴向扭曲180°，第一朵花开放到顶端最后一朵花展开的时期称为开花期。

（4）结果期　花朵授粉后花冠凋谢。子房开始膨大到全部果实膨大结束为结果期。

（5）种子成熟期　果实开裂标志着种子已经成熟。第一个果实开裂到最后一个果实开裂的时间为种子成熟期。

（6）倒苗期　种子采收后，花茎中空霉变且倒伏，但有的花茎可直立相当长的时间，故倒苗期应从最后一个果子开裂算起，到花茎秆枯萎霉变即为倒苗期。

三　天麻的开花结实习性

天麻的开花期一般在5～7月。在一个花穗上，下部花朵最先开放，基本是按顺序自下而上开放，花穗下部已进入结果期，而穗上部仍在开花，顶端一朵花最后开放。天麻一天内有2个开花高峰时间，白天集中在10：00～12：00，夜间集中在2：00～4：00。第一朵花开放后的第4～6天为开花高峰期，平均花期为13天左右。

天麻为两性花。花药在合蕊柱的顶端，雌蕊柱头在合蕊柱下部，花粉粒之间有胞间连丝相连，花粉呈块状不易分开。天麻为虫媒花，自然条件下天麻依靠芦蜂这一类昆虫进行授粉，自花和异花均可授粉结实。在野外自然状态下结实率仅有20%，人工授粉的结实率可达90%以上，并且果实饱满，种子优质。一般开花前1天和开花后3天内进行人工授粉，结实率较高，花后超过第4天进行授粉则结实率较低。

天麻花授粉后花朵逐渐凋谢，子房开始膨大。经 15～20 天后果实内种子完全成熟。种子的成熟可分为 3 个阶段，各阶段均可发芽，但发芽率大不相同。

（1）嫩果种子　果实表面有光泽，纵沟凹陷不明显，手捏果实较软，剥开果皮部分种子呈粉末散落，有的种子呈团状不易抖出，种子为白色。其最终发芽率可达 50% 左右，由于其前期发芽率低，发芽势弱，不适宜收获。

（2）将裂果种子　果实表面颜色较暗，失去光泽，有明显凹陷的纵沟，但果实未开裂，手捏果实软，剥开果皮种子易散落，种子为浅黄色。发芽率可达 64% 以上，是收获的最佳时期。

（3）裂果种子　果实纵沟已裂开，稍有摇动种子就会飞散，种子为蜜黄色。发芽率降到 10% 左右。

四　天麻的营养特性

天麻是一种特殊形态的高等植物。没有绿色叶片，也没有根，全株不含或只含少量叶绿素，不能通过光合作用制造营养，也不能从土壤中直接吸收营养，只能通过块茎的表皮吸收土壤中的水分和少量的无机盐类。

天麻是典型的异养类型植物，生长发育的营养来源依赖于侵入体内的蜜环菌菌丝，它靠自身的某些细胞分泌出溶菌素，将侵入天麻体内的蜜环菌分解，变成自身生长发育所需的营养物质。天麻的种子极小，无胚乳及其他营养成分，其萌发靠侵入种子的萌发菌供给营养。

五　天麻的生长习性

1. 避光性

天麻由种子播种直到收获的整个生活周期基本都生长在地下，只有在箭麻抽薹开花时需要部分的散射光。因此，天麻由种子到箭麻的整个过程具有避光性。

2. 向气性

天麻由种子到箭麻的整个生长过程虽然都在地下，但需要透气条件好的土壤。天麻栽培中要选择透气性好的土壤，同时，表土层经常进行松土或采取其他的透气措施。在天麻的有性繁殖中，天麻种子播种半年后，挖出白麻、米麻进行分栽，还起到了重新松土层的作用，给天麻和蜜环菌的生长以良好的透气环境，从而增加了天麻接蜜环菌的概率，以达到天麻高产、稳产的目的。

3. 向湿性

在天麻由种子到箭麻的生长过程中，天麻的管理主要是温度和湿度的管理。天麻生长过程中，如果湿度管理不好，水分不足，天麻则向湿度大的地方生长，有的长到穴周围的硬土中。在天麻人工栽培时，在温度条件一定的情况下，水分一定要充足。将天麻栽培在林下或在穴上遮阴、搭荫棚，这样除控制温度外，还可减少水分的蒸发。秋天由于温度适宜，蜜环菌生长，蜜环菌生长过盛会反食天麻。因此，秋天应控制土壤的湿度。

第三节 天麻生长的环境要求

人工栽培天麻，必须了解天麻生长对环境条件的要求，因地制宜地选择或创造适宜天麻生长的小气候环境，合理应用各种农艺措施来满足天麻生长的需要，从而获得高产、稳产。

一 气候条件

1. 光照

天麻是一种根、叶退化的植物，失去了进行光合作用的生理机能。天麻从栽种到收获，整个无性繁殖过程都是在地下完成的。因此，天麻的块茎生长不需要光照，光照只能为它的生长提供热量，故天麻可以在室外、室内、防空洞、地道等与光无关的环境中栽培。天麻在地上的生活时期，即抽薹、开花、结果阶段，花茎有一定的趋光性，需要一定的散射光。地上茎出土后，强烈的直射光会引起花茎产生日灼病导致植株枯死，故育种圃应搭棚遮阴。在室内进行天麻种植，需要人工增加光源，防止地上花茎生长过于细弱，影响果实成熟。此外，阳光的强弱会影响土壤温度的变化。所以，在选地栽种天麻时，要根据当地日照的特点、温度条件选择坡向，或者采取升温和降温措施。

【提示】　野外种植，光照会影响阴坡和阳坡土层的温度。一般冷凉高寒山区，选择在阳坡种植天麻，以利于吸热，增加积温；低海拔高温地区，选择在阴坡或林下种植天麻，以利于遮阴蔽日，降低地温，并保证土壤湿度；半山区，则选择半阴半阳坡。

2. 温度

温度是影响天麻生长发育的首要因子。天麻喜凉爽、潮湿的环境。天麻主产区的年平均温度为 3～13℃，最高月平均温度为 24～29℃，最低月平均温度为 1.3～1.6℃的范围内。天麻块茎在地温 12～14℃时开始萌动，20～25℃时生长旺盛，30℃生长受到抑制。一年之内整个生长季总积温达 3800℃左右。高海拔地区气候冷凉，一般天麻都能正常生长。低海拔地区夏季炎热，天麻生长的土层温度超过 30℃，蜜环菌、天麻的生长受到抑制，影响产量，因此，在低海拔的平地栽培，应采取遮阴降温措施。

另外，天麻在系统发育过程中，形成了低温生理休眠的特性，需要在低温条件下休眠越冬。当秋末冬初，气温低于 15℃时，新生麻的生长速度减慢，逐渐停止，进入冬季休眠。生长在土层中的天麻在地温 –3℃下可正常越冬，但不能暴露于地表被冻伤；低于 –5℃不能正常越冬，会遭到冻害。在高海拔地区或东北低温地区，必须有较厚的积雪长期覆盖，雪层下天麻土壤分布层的温度在 –5℃以上，天麻才能正常越冬；若去掉积雪，天麻就会遭到冻害。天麻虽然能耐寒冷，但温度突然下降，尤其在初冬，会使天麻遭受冻害。冬季应加厚土层或树叶覆盖防寒。

当表层土壤10cm处的平均地温升高到14～15℃时，白麻和米麻开始萌动。初期生长缓慢，随着地温的升高，新生麻的生长速度也加快。7～8月地温升高到21～23℃，新生麻的生长速度最快；9月初，新生麻可看到明显的顶芽，10月下旬生长缓慢，11月气温下降，新生麻体积不再增大，而进入休眠期。

> 【提示】 天麻种子在15～28℃都能萌发，但萌发最适温度为25～28℃，超过30℃种子萌发受抑制。
>
> 做种用的白麻，冬季都应保存在2～5℃低温条件下，经过2个月左右，使其度过低温休眠期，才能正常萌动发芽。
>
> 箭麻在经过2～5℃低温处理50～60天，在12～15℃时开始抽薹出土，18～20℃时开花，25～30℃时果实成熟。

3. 水分

野生天麻一般生活在潮湿冷凉的气候环境条件下。全国天麻主产区的年降水总量在1000～1500mm，空气的相对湿度为80%左右，土壤的含水量为40%～60%。水是天麻块茎的重要组成部分，成熟天麻块茎所含水分达80%左右。水是天麻生命活动的必要条件，天麻只有保持细胞质的水分饱和，细胞呈膨胀的状态，才能正常生长。如果水分不足，细胞发生萎蔫，则天麻生长停止。

天麻在不同生长发育阶段的需水量也不同。4月初块茎开始萌动，需要蜜环菌生长旺盛，使天麻及时接菌，所以要浇水，保持土壤湿润，使天麻正常萌动生长；6～8月为天麻的生长旺季，需要较多的水分，充沛的降雨或及时灌溉保证土壤水分即可保障天麻高产；9月下旬，雨水过多或浇水过量使蜜环菌生长旺盛，天麻会被蜜环菌抑制。

满足天麻对水分的需要，除要求适宜的大气湿度外，主要还是要求适宜的土壤含水量。土壤含水量是否适宜，常因土壤不同的质地而有较大差异。例如，鄂西天麻产区的土壤为富含腐殖质的森林土，含水量保持在50%左右；云南昭通地区的野生天麻分布区，一般土壤的含水量都保持在45%～60%，对天麻和蜜环菌的生长都有利。若土壤的含水量超过65%，蜜环菌只能以菌索形式生长，对天麻的生长不利；若土壤的含水量低于40%，对蜜环菌和天麻的生长均不利。天麻产区的土壤含水量常年都保持在50%～60%。如果土壤湿度过高，特别是在天麻生长的后期，则容易引起天麻的腐烂。

【提示】 在箭麻抽薹开花时，要求土壤的含水量在50%～60%，空气的相对湿度在65%～75%。当空气的相对湿度低于50%，花开后花粉极易干枯，无法结果。

天麻种子在萌发时要求土壤的含水量在60%～65%，太干不利于种子萌发，太湿会使萌发菌易腐烂生虫。水分直接影响天麻种子的萌发，在天麻种子萌发阶段，要严格保证水分含量，及时浇水。同时，在低洼及降雨较多的地方应注意排水。

二　海拔

乌天麻多分布在海拔1500～2800m的山区。天麻在云南北部多分布在海拔2000m以上的地区，在云南的昭通地区主要分布在海拔1400～2800m的范围内；在贵州主要分布在海拔900～2000m的范围内；在四川多分布在海拔700～2800m的地区，以1200～1800m的范围分布最多。

红天麻多分布在海拔500～1800m的山区。在湖北多分布在海拔1300～1900m的高山区；在陕南、豫西地区，天麻多分布在800～2200m处。在东北地区，天麻垂直分布就要低一些，如吉林多分布在海拔500～1000m的范围，辽宁多分布在200～400m。在人工栽培条件下，若能控制夏季高温和满足天麻与蜜环菌对水

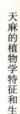

分的要求，天麻也可以在低海拔地区栽种，如海拔 154m 的广西桂林郊区和海拔 50m 的北京地区，引种天麻也获得了成功。

【提示】 开展天麻引种栽培时，一定要根据当地海拔条件，选择适宜发展的品种。高海拔冷凉地区可选择引种种植乌天麻，低海拔潮湿地区应引种种植红天麻。

三　土壤

土壤是天麻生长发育重要的环境生态条件。一般在土层深厚、富含腐殖质、疏松湿润的沙质壤土中，土壤中营养丰富，具有良好的排水性和透气性能，蜜环菌生长良好，天麻则生长健壮，产量高，质量好。而在土层较薄的黏重土壤中，天麻生长不良，质量差。因为，黏土的透水性差，透气性也差，遇渍水过多，空气相对减少，影响天麻和蜜环菌的生长，甚至造成天麻腐烂死亡。

四　地形、地势

阴坡和阳坡均有野生天麻分布。人工栽培时，要根据当地的气候条件选择适宜的山向。例如，在同一地区，高山区温度低，生长季短，应选择阳坡栽天麻；低山区夏季温度高、雨水少，就应选择温度较低、湿度较大的阴坡种天麻。人工种植天麻，宜选择坡度在 5°～30° 的坡地种植，平地易积水，造成烂麻，尤其是雨水多的地区，应考虑排水不良引起的危害。

【提示】 天麻不耐干旱和积水。干旱山区，选择缓坡地或坡改梯，挖深穴方式来种植天麻，以利于保湿；潮湿地区，则应采用平地起穴或起高畦的方法来种植天麻，以利于排水。

五　植被

植被是天麻生长发育的重要环境条件。野生天麻多生活于林下或林中，许多植物便形成了天然的荫蔽环境，而阴湿条件正是天麻和蜜环菌所需要的。一般天麻生长在山区杂木林、针阔叶混交林、竹林或灌木丛中。伴生植物种类较多，主要有青冈、栗树、野樱桃、杜鹃、桦树、野山楂、盐肤木、锦带花、牛奶子树、水冬瓜，以及禾本科草本植物、蕨类和苔藓植物等。这些植物为天麻和蜜环菌提供了荫蔽、凉爽、湿润的环境条件。这些植物的根和枯枝落叶腐烂后，增加了土壤有机质，改变了土壤的理化性质，为天麻生长创造了很好的土壤条件。有些地区常常选择林间或林下栽种天麻。但林间栽种天麻，如果气候条件适宜，降水量大，天麻生长就很正常；若遇大旱年景，林中土壤水分被茂密林木所吸收，土壤含水量减少，天麻因过度缺水，生长极差。所以，在栽种天麻选地时，应根据当地的具体情况，选择稀疏一点的灌木林或生荒地种植较好。

第二章 天麻的植物学特征和生物学特性

31

第三章
天麻优良品种介绍

　　《中国植物志》（18 卷）记载了天麻的形态特征：植株高30～100cm，有时可达 2m；根状茎肥厚，块茎状，椭圆形至近哑铃形，肉质，长 8～12cm，直径为 3～5(～7)cm，有时更大，具有较密的节，节上被许多三角状宽卵形的鞘。茎直立，橙黄色、黄色、灰棕色或蓝绿色，无绿叶，下部被数枚膜质鞘。总状花序长 5～30(～50)cm，通常有 30～50 朵花；花苞片呈长圆状披针形，长 1～1.5cm，膜质；花梗和子房长 7～12mm，略短于花苞片；花扭转，橙黄色、浅黄色、蓝绿色或黄白色，近直立；萼片和花瓣合生成的花被筒长约 1cm，直径为 5～7mm，近斜卵状圆筒形，顶端有 5 枚裂片，但前方两枚侧萼片合生处的裂口深达 5mm，筒的基部向前方凸出；外轮裂片（萼片离生部分）呈卵状三角形，先端钝；内轮裂片（花瓣离生部分）近长圆形，较小；唇瓣呈长圆状卵圆形，长 6～7mm，宽3～4mm，3 裂，基部贴生于蕊柱足末端与花被筒内壁上并有一对肉质胼胝体，上部离生，上面有乳突，边缘有不规则短流苏；蕊柱长 5～7mm，有短的蕊柱足。蒴果倒卵状椭圆形，长 1.4～1.8cm，宽 8～9mm。花果期在 5～7 月。产于吉林、辽宁、内蒙古、河北、山西、陕西、甘肃、江苏、安徽、浙江、江西、台湾、河南、湖北、湖南、四川、贵州、云南和西藏。生于疏林下、林中空地、林缘、灌丛边缘，海拔 400～3200m。尼泊尔、不丹、印度、日本、朝鲜及西伯利亚地区也有分布。

第一节　天麻的种类与分布

周铉在广泛野外调查的基础上，根据天麻花及花茎的颜色，以及块茎的形状和含水量的不同等特点，结合人工栽培经验，将我国天麻分为5个变型。

一　原变型红天麻

原变型红天麻的植株较高大，常达 1.5～2m。根状茎较大，粗壮，长圆柱形或哑铃形，大者长达 20cm，粗达 5～6cm，含水量在85%左右，最大单重达 1kg。花茎为橙红色，花为黄色而略带橙红色。果实呈椭圆形，肉为红色。花期在 4～5 月。主要产于长江及黄河流域海拔 500～1500m 的山区，遍及西南至东北大部分地区。目前，我国大部分地区栽培者多为此变型（彩图4）。

 【提示】　红天麻生长快，适应性强，耐旱力强，是驯化后的优良高产品种，每平方米单产达 10kg 以上。

二　乌天麻

乌天麻的植株高大，高 1.5～2m 或更高。根状茎短粗，呈椭圆形至卵状椭圆形，节较密，大者长达 15cm 左右，粗达 5～6cm，含水量常在 70% 以内，有时仅为 60%，最大单重达 800g。花茎为灰棕色，带白色纵条纹，花为蓝绿色。果实有棱，呈上粗下细的倒圆锥形。花期在 6～7 月。在云南栽培的天麻多为此变型（彩图4）。

 【提示】　乌天麻形态好，折干率高，品质好，但生产周期长，分生力差，耐旱力差，是驯化后的优质栽培品种，每平方米单产在 4kg 左右。

三 绿天麻

绿天麻的植株较高大，一般高 1 ~ 1.5m。根状茎呈长椭圆形或倒圆锥形，节较密，节上鳞片状鞘多，含水量在 70% 左右，最大单重达 700g。花茎为浅蓝绿色，花为浅蓝绿色至白色。果实呈椭圆形，蓝绿色。花期在 6 ~ 7 月。主要产于西南及东北各省，常与乌天麻，有时与红天麻混生。在各产区均为罕见，偶见栽培（彩图 4）。

【提示】 绿天麻是驯化后我国西南及东北地区的珍稀栽培品种及育种材料，单位产量低。

四 黄天麻

黄天麻的植株高 1m 以上。根状茎呈卵状长椭圆形，含水量在 80% 左右，最大单重达 500g。茎为浅黄色，幼时为浅黄绿色。花为浅黄色。花期在 4 ~ 5 月。主产于云南东北部、贵州西部，栽培面积小。

【提示】 黄天麻是驯化后我国西南地区的一个栽培品种及育种材料，单位产量低。

五 松天麻

松天麻的植株高约 1m。根状茎常为梭形或圆柱形，含水量在 90% 以上。茎为黄白色，花为白色或浅黄色。花期在 4 ~ 5 月。主要产于云南西北部，常生于松栋林下。因折干率低，未引种栽培。

第二节 天麻的品种选育途径与繁殖方法

天麻自野生变家植以来，基本上靠野生资源来繁殖，有性繁殖起步较晚，天麻的育种工作也是近十几年才开始的。天麻是一种高度进化的兰科植物，由于天麻的这种特殊生物学特性，决定了天麻不可能像其他能进行光合作用的植物一样进行优良品种的选育。

一 天麻优良品种的选育途径

1. 系统育种

系统育种也称为选择育种，就是在现有的品种群体内，根据育种目标，选择有益的变异个体，每一个体的后代形成一个系统（株系或穗系），通过试验比较鉴定，选优去劣，培育出新品种。系统育种的实质是优中选优，连续选优。这种方法简单易行、见效快，是选育新品种行之有效的方法。

系统育种选择方法可分为自然选择和人工选择。自然选择是指在自然条件下，对生物合理的、有益的变异，通过"适者生存"的过程，被自然保留下来，当条件继续存在时，它们的后代可以沿着这种变异方向继续发展，而使物种进化。自然选择的结果是使生物具备适应一定生态条件的各种性状。人工选择是指人们选择合乎人类需要的变异个体，并使其向人类有利的方向发展，从而产生新品种。人工选择的结果是使生物具有了符合人类要求的各种经济性状。

天麻系统育种可以采用自然选择和人工选择两种途径。自然选择，一是从收集来的野生种麻进行人工种植，从中将优良品种筛选出来，但要注意保护野生天麻资源；二是从各天麻种植区域的地方混杂栽培种中挑选出一批性状相似的优良个体进行混合选择，或者选出一些优良的个体按照单株选择法进行选择育种。人工选择是对天麻进行抗旱、抗湿、抗寒、抗病、抗高温等性状的诱导选育。

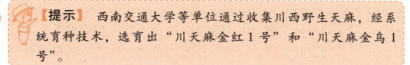

【提示】 西南交通大学等单位通过收集川西野生天麻，经系统育种技术，选育出"川天麻金红1号"和"川天麻金乌1号"。

2. 杂交育种

杂交育种是通过人工杂交把两个或两个以上亲本的优良性状综合于一个新品种的方法。它是现在国内外的各种育种方法中最普遍、成效最大的方法，因为杂交后代的基因重组产生了各种各样的变异类型，为育种提供了丰富的材料。根据参与杂交亲本的亲缘关系，杂交育种可区分为品种间杂交育种和远缘杂交育种两大类。

目前，天麻的杂交育种为品系类的杂交，其目的是通过杂交育种将两个具有不同优良性状的天麻优势传给同一个后代，形成杂种优势。杂交育种已在天麻优良品种选育方面取得了很好的效果。

【提示】 湖北三峡科技学校（前宜昌市林业学校）采用云南乌天麻和宜昌红天麻杂交，选育出"鄂天麻1号"和"鄂天麻2号"。湖北省宜昌市天麻协会专家组胡文华等选用在高海拔山区采集的野生健壮红天麻作为父本，选用在江汉平原人工室内箱式栽培的优良红天麻作为母本，采用异地异株异花有性杂交授粉结实，选育出"宜红优1号"。

3. 细胞工程育种

以生物细胞为基本单位，按照人们的需要和设计，在离体条件下进行培养、繁殖或人为的精细操作，使细胞的某些生物学特性按人们的意愿发展或改变，从而改良品种或创造新种，加速繁育生物个体，获得有用物质的过程统称为细胞工程。现在，植物细胞工程在植物茎尖培养和脱病毒快速繁殖、植物单倍体技术、原生质体培养和体细胞杂交及细胞无性变异等方面都取得了较大进展。

目前，天麻组织培养技术已经获得成功，下一步可尝试采用细胞工程方法进行天麻品种选育。

二 天麻良种的繁殖方法

1. 有性繁殖

（1）有性繁殖的概念 天麻通过箭麻抽薹开花而结出种子繁殖后代的方式称为有性繁殖。在有性繁殖中需要种子萌发菌和蜜环菌。天麻的有性繁殖过程需要 2~3 年形成箭麻，3~4 年形成种子。

> **【提示】** 天麻有性繁殖的环节：箭麻 $\xrightarrow{\text{开花授粉}}$ 种子 $\xrightarrow{\text{萌发菌}}$
> 原球茎 $\xrightarrow{\text{蜜环菌}}$ 米麻 $\xrightarrow{\text{蜜环菌}}$ 白麻 $\xrightarrow{\text{蜜环菌}}$ 箭麻

（2）有性繁殖的优势

1）防止种源退化，提高产量。在无性繁殖过程中，天麻块茎的再生能力减弱，繁殖系数和产量都会越来越低。利用有性繁殖生产的白麻和米麻做种，再进行无性栽培，可显著提高繁殖系数，并在一定时间代数内可保持旺盛的生命力，显著提高产量。

2）扩大种源。采用有性繁殖，一株箭麻可产几十个蒴果，每个蒴果就有 2 万~3 万粒种子，繁育技术得当，收获的米麻和白麻数量相当可观，产生的后代数量远比无性繁殖多得多，投入小，收获大。

3）品种改良，培育新品种。有性繁殖通过种源间和株间人工授粉杂交，可利用杂种优势，培育新品种。

2. 无性繁育

（1）无性繁殖的概念 天麻以它的营养器官（白麻或米麻）为繁殖材料的栽培方法，是在没有特殊分化的两性细胞和性器官

参与下完成的，因此称为无性繁殖。利用白麻繁殖的生长周期为1 年，用米麻繁殖需要1～2 年。

（2）无性繁殖的优势

1）成本低，见效快。用白麻和米麻做种，只需要购买麻种的费用，而且白麻只需要 1 年就可获得商品箭麻，米麻也只需要1～2 年可获得商品箭麻。

2）个体增殖倍数高。用白麻和米麻做种，如果选择适宜的栽麻时间和栽麻方法，加之科学的管理，满足天麻和蜜环菌生长的各种条件，一般增重 7～12 倍，高的达 20～30 倍。

3）栽培方法简单易行，容易掌握。无性繁殖不需要烦琐的种子制种和播种过程，只需将菌材和菌床培养好，一学就会，管理简单，也易掌握。

> 【提示】 在天麻生产上，通过无性繁殖的方法栽培出的天麻存在退化性，天麻后代质量一代不如一代，并且产量降低。因此，有性繁殖0～3 代的白麻，是无性繁殖栽培中生产商品天麻最理想的种栽，3 代以后天麻不适宜做种。

第三节　选育优良品种介绍

近十几年来，湖北、四川等天麻产区，分别采用杂交育种和系统选育方法，培育出一批优良天麻品种，具体如下。

一　鄂天麻 1 号

1. 品种选育过程

鄂天麻 1 号是湖北三峡科技学校采用云南乌天麻为母本，宜昌红天麻为父本杂交育成的，也称乌红杂交天麻。该品种2002 年被湖北省农作物品种审定委员会审定并命名（鄂审药001-2002），也是我国首次培育并审（认）定的天麻杂交品种。

2. 特征与特性

花茎为浅灰色，花为浅绿色，果实有棱，倒圆锥形；块茎形态偏向母本乌天麻，短粗，椭圆形，平均单体重 250～350g，含水量为 76% 左右，折干率较高。种麻饱满，地上部生长势强，麻体病斑少。该品种块茎形态好，药用质量高；但分生能力差，不耐旱，生长适应范围较窄。

3. 产量表现

1998～2000 年品比试验，每平方米的产量为 4.48kg，最高可达 8kg，比母本乌天麻和父本红天麻均增产。

4. 适应区域

鄂天麻 1 号适宜湖北省海拔 1200～2000m 的天麻产区种植。

5. 种植要点

1）科学培养蜜环菌材。

2）播种天麻种。种麻以无性繁殖 1～2 代为宜。每平方米用种 0.5kg，约 50 个白麻、米麻。冬栽于 10 月 20 日～11 月 20 日下种麻，春栽于 3 月 1 日～4 月 1 日下种麻。

3）栽培管理。播种天麻种麻后，要及时立沟、起垄，并注意防止杂草和病虫害。

二　鄂天麻 2 号

1. 品种选育过程

鄂天麻 2 号是湖北三峡科技学校采用宜昌红天麻为母本，云南乌天麻为父本杂交育成的新品种，也称红乌杂交天麻。该品种于 2002 年被湖北省农作物品种审定委员会审定并命名（鄂审药 002-2002），也是我国首次培育并审（认）定的天麻杂交品种。

2. 特征与特性

花茎为灰红色，花为浅黄色，果实呈圆锥形；块茎形态偏向母本红天麻，暗红色，肥大，粗壮，长椭圆形至长圆柱形，平均单体重 250～350g，含水量为 80% 左右，折干率中等。种麻饱满，地上部生长势强，块茎分生点多，萌发率强，耐旱性较强，生长适应范围较广。

3. 产量表现

1998～2000年品比试验，每平方米的产量为4.4kg，最高可达12kg，比母本红天麻和父本乌天麻均增产。

4. 适应区域

鄂天麻2号适宜湖北省海拔500～2000m的天麻产区种植。

5. 种植要点

1）科学培养蜜环菌材。

2）科学播种。种麻以无性繁殖1～2代为宜。每平方米用种0.5kg，约50个白麻、米麻。冬栽于10月20日～11月20日下种麻，春栽于3月1日～4月1日下种麻。

3）栽培管理。播种天麻种麻后，要及时立沟、起垄，并注意防止杂草和病虫害。

三 宜红优1号

1. 品种选育过程

宜红优1号天麻，是胡文华等选用在高海拔山区采集的野生健壮红天麻作为父本，选用在江汉平原人工室内箱式栽培的优良红天麻作为母本，采用异地异株异花有性杂交授粉结实培育而成的杂交新品种。该品种既适宜低海拔平原地区室内栽培，又适合高海拔500～1800m的山丘陵地区室外仿野生栽培。

2. 特征与特性

商品性好，个体圆整饱满，一般鲜重200～500g，品质上乘。尤其是繁殖力特强，繁殖系数大，产量较无性继代常规品种高30%以上。生长适温为14～28℃，最适温度为20～25℃，生长期总积温3800℃左右。

3. 种植要点

山区室外畦式覆土仿野生栽培，与蜜环菌种伴栽，每平方米播麻种 500g，可产鲜天麻 10 ~ 15kg；平原室内箱式无土覆沙子栽培，每箱（50cm×50cm×35cm）播麻种 150 ~ 200g，可产鲜天麻 4 ~ 5kg；室内袋栽每袋（40cm×35cm）播麻种 100 ~ 120g，可产鲜天麻 1.5 ~ 2kg。

四 川天麻金红 1 号

1. 品种选育过程

川天麻金红 1 号是西南交通大学、乐山市金口河区森宝野生植物开发有限公司、乐山市金口河区生产力促进中心和四川千方中药饮片有限公司选育的，为四川盆地周边山地收集的野生天麻经系统选育而成。该品种于 2013 年被四川省品种委员会正式审定命名（川审药 2013-001）。

2. 特征与特性

生育期平均为 475 天，花葶高约 150cm，直立，带白色纵条纹，节上具鞘状鳞片，浅橙红色。花为黄白色；蒴果具短梗，长圆状倒卵形，浅橙红色；种子多而细小，粉末状；块茎粗大，长椭圆形，上部较大，长约 11cm，宽约 5cm，厚约 2cm。花期为 4 ~ 5 月，果期为 5 ~ 6 月。经检测，块茎的醇浸出物的含量为 15.8%，天麻素的含量为 0.87%，总灰分为 3.5%，符合《中华人民共和国药典》（2015 年版，一部）的规定。

3. 产量表现

2009 年和 2010 年分别进行多点试验，平均亩产 1286kg。2011 年度生产试验，平均亩产 1287kg。

4. 适应区域

川天麻金红 1 号适宜四川省海拔 1000 ~ 1600m 的天麻产区种植。

5. 种植要点

11 月 ~ 第二年 1 月，将准备好的菌材放入窖内，菌材顺坡排放，间距约 3cm。将种麻放在菌材间，间距约 15cm，盖沙厚度约

10cm，加盖薄膜或干草。夏季遇高温高湿时搭棚遮阴，喷水降温，适时盖膜防雨，疏通排水沟。注意防兽、鼠害。第二年 11 ~ 12 月适时采收，按箭麻、白麻、米麻分级装箱并运回室内加工；及时清洁田园。

五 川天麻金乌 1 号

1. 品种选育过程

川天麻金乌 1 号是西南交通大学、乐山市金口河区森宝野生植物开发有限公司和乐山市金口河区生产力促进中心选育，由川西南天麻野生混合种质中的自然变异株经系统选育而成的。该品种于 2011 年被四川省品种委员会正式审定命名（川审药 2011-001）。

2. 特征与特性

有性繁育天麻的生育期约为 526 天，地上茎高大粗壮，平均株高 150cm，灰棕色，带白色纵条纹；花被片为蓝绿色；蒴果大，灰棕色；种子细小，粉末状。块茎粗壮肥大，椭圆形或卵状长椭圆形，表面为黄色或浅棕色，表面具黑褐色环纹及针眼，顶生芽大，灰棕色，最大单个鲜重 800g，平均含水量为 31.9%，优级品率为 45.1%。经检测，总灰分为 3.2%，天麻素为 0.47%，符合《中华人民共和国药典》（2015 年版，一部）标准。

3. 产量表现

2007 年和 2008 年进行多点试验，平均亩产天麻块茎分别为 1140.9kg 和 1147.5kg，分别比对照增产 73.4% 和 73.8%，增产点 100%。2009 年度生产试验平均亩产天麻块茎 1144.1kg，比对照增产 73.5%。

4. 适应区域

川天麻金乌 1 号适宜四川金口河及相似生态区种植。

5. 种植要点

1）备种。选优质萌发菌、蜜环菌做菌种。

2）栽种。11 月～第二年 3 月，采用活动菌床法栽种，下垫疏松的腐殖质土，上面撒一层枯枝、落叶，顺坡排放菌材，播种白麻，间距 15cm，菌材两端各放 1 个白麻，菌床用腐殖质土或沙覆盖，厚度为 10cm。

3）田间管理。冬季盖薄膜或干草保温防冻；夏季搭棚遮阴，高温应喷水降温，适时盖膜防雨并疏通排水沟；保湿润；防污染和鼠害。

4）适时采收。10 月下旬及时清洁田园。

——第四章——
天麻共生萌发菌菌种高效生产技术

天麻种子与其他兰科植物种子一样，种子细小，只有种胚，在自然条件下种子发芽困难。徐锦堂先生经过多年研究从天麻的原球茎中分离出天麻种子萌发菌。在种子萌发阶段天麻种子萌发菌侵染种子，供给天麻种子萌发的营养，与其建立了一种共生关系。萌发菌是种子萌发的外源营养源。

第一节　萌发菌的特性

能促进天麻种子萌发的真菌均称为天麻种子萌发菌，简称萌发菌。目前，发现促进天麻种子萌发的真菌均为小菇属（*Mycena*）真菌。最早鉴定出的萌发菌种为紫萁小菇（*M. osmundicola*），此后进一步鉴定出能使天麻种子萌发的真菌还有兰小菇（*M. orchicola*）、石斛小菇（*M. dendrobii*）和开唇兰小菇（*M. anoectochila*）等。上述天麻种子萌发菌已在各天麻产区推广生产。

一　萌发菌的形态特征

到目前为止，文献报道有 12 种真菌可促进天麻种子萌发，其中有 4 种应用于天麻生产，分别为石斛小菇、紫萁小菇、开唇兰小菇和兰小菇，均属于小菇属真菌，其菌落、菌丝的形态见表

4-1。萌发菌的子实体多呈伞状，散生或丛生于老树桩、朽木或死树及倒木上。菌盖小，呈半球形，发育前期中央隆起，后平展，表面密布鳞片。4 种天麻共生萌发菌中，石斛小菇在促进天麻种子萌发方面最具特色，主要表现为菌丝生长速度快，对培养基的含水量和温度的适应范围广而容易培养，抗逆性强而不易污染和退化，伴播天麻种子萌发率高、产量高而稳定等优良特性（彩图 5）。

表 4-1　天麻种子共生萌发菌的形态比较

萌发菌	菌落	菌丝	锁状联合	无性孢子
石斛小菇	规则，浓密	纯白旺盛，气生菌丝发达	明显	无
紫萁小菇	规则，稀疏	白中泛红、旺盛，气生菌丝不发达	明显	有
开唇兰小菇	不规则，粉状	粉状、半透明、旺盛，气生菌丝不发达	明显	有
兰小菇	规则，浓密	纯白、半透明、旺盛，气生菌丝发达	明显	无

【提示】　优良萌发菌菌株在培养皿上培养，整个菌落为乳白色、白色，菌丝致密、光滑，菌丝生长速度良好，酶活性强，有较好的遗传稳定性。酶活性高的萌发菌菌株，对天麻种子的萌发和生长有很大的促进作用。

二　萌发菌的生活习性

1. 腐生

小菇属真菌多腐生于高山林间落叶、枯枝及植物腐根上，对纤维素有强烈的分解能力。

2. 兼性寄生

小菇属萌发菌可侵入落在林地树叶上的天麻种子，使其萌

发，故其主要营腐生生活，兼性寄生。

3. 好气

小菇属等天麻种子共生萌发菌是一类好气真菌，它们在森林中主要分布在林间枯枝落叶层及表层土壤中。在培养过程中发现，如果培养料装得太紧或瓶盖盖得太严，虽然不会影响到萌发菌的生长，但其生长速度延缓，培养时间延长。

4. 发光

小菇属真菌在黑暗处培养会发出微弱的荧光，但发光的强度不如蜜环菌。

5. 对天麻块茎无侵染能力

小菇属真菌是一种弱寄生菌，它们只能侵染天麻种胚基部细胞，还没有观察到侵染天麻原球茎、米麻、白麻的小菇属萌发菌。当蜜环菌侵入原球茎分化出营养繁殖茎后，小菇属真菌和蜜环菌可同时存在于同一个营养繁殖茎中，其对天麻的营养作用逐渐被蜜环菌所代替。

6. 温度

生长的温度范围为 15～30℃，最适生长温度为 25℃，低于 20℃或高于 25℃时菌丝生长速度明显减慢。温度高于 30℃以上培养 24h，菌丝将失去生命力甚至死亡。

7. 湿度

基质的适宜含水量为 45%～65%。基质的含水量越大，菌丝生长越差。

8. 光线

菌丝生长一般不需要光线，光照对菌丝生长有抑制作用，但子实体的形成需要一定的散射光。

9. pH

适宜的 pH 为 5.0～5.5，中性及偏酸性条件下菌丝均可生长，碱性条件不利于菌丝生长。

三 萌发菌与天麻的关系

萌发菌的菌丝分气生菌丝和基内菌丝两种。气生菌丝通常以菌索的形式存在，分布在枯枝落叶或培养基质的表面，萌发菌侵染天麻种子并为种子提供营养的就是气生菌丝。基内菌丝生长在枯枝落叶或培养基质内，这部分菌丝在枯枝落叶或培养基质中吸收营养，类似根的作用，所以又称为营养菌丝。天麻种子萌发过程中，萌发菌就是通过营养菌丝在枯落的植物残体或培养基质上获得营养，并通过气生菌丝将营养传送给天麻的种子或原球茎。

试验证明，不仅在胚萌动初期，而且从种子发芽到原球茎生长并分化出营养繁殖茎的整个阶段，都需要消化侵入的萌发真菌以获得营养。

【提示】 天麻种子萌发的最适温度与共生萌发菌生长的最适温度不完全吻合，这可能与天麻种子的生物学特性密切相关。在栽培上，一方面要考虑共生萌发菌生长所需的条件，另一方面又要考虑满足天麻种子萌发的温度和湿度，这样才能提高种子的发芽率及天麻的产量。

四 几种萌发菌应用效果比较

王秋颖等的试验表明，从伴播天麻种子的发芽率和发芽势来看，石斛小菇的效果最好，兰小菇次之，紫萁小菇效果最差；从伴播天麻种子萌发形成的原球茎大小来看，紫萁小菇最好，石斛小菇次之，开唇兰小菇最差；从伴播后收获天麻的产量来看，石斛小菇效果最好，兰小菇次之，开唇兰小菇效果最差。综合评定，几种萌发菌中，石斛小菇菌丝生长速度快，对培养基的含水量和温度的适应范围广，容易培养，抗逆性强，不易污染和退化；伴播时，天麻种子的萌发率和产量均高且稳定，是天麻种子伴播的理想菌种。

第四章 天麻共生萌发菌菌种高效生产技术

第二节　萌发菌菌种的分离纯化和鉴定技术

一　准备工作

1. 常用消毒剂的配制

1）0.1%升汞溶液：取1g氯化汞溶于1L水。

2）0.2%甲醛溶液：取36%甲醛原液10mL，稀释170倍。

3）5%石炭酸溶液：取石炭酸（苯酚）50mg，溶于950mL水。

4）2%来苏水（甲酚皂溶液）：取47%来苏原液40mL，加900mL水配制。

5）75%酒精：取95%酒精1L，加水267mL配制，或直接购买。

2. 无菌室、无菌箱、培养室的消毒

1）每立方米空间用36%~40%甲醛溶液10mL，加入高锰酸钾5g。消毒时，将高锰酸钾倒入盛有甲醛溶液的容器中，迅速离开无菌室，24h后，待室内无甲醛味道才可使用。

2）进行紫外线照射消毒。接种前打开紫外灯照射30min，关闭紫外灯15~20min后方可进入无菌操作室操作。

3. 分离材料的准备

（1）异地播种收集分离材料　在天麻种子成熟季节，从有野生天麻分布的山林下收集枯枝落叶，拌上天麻种子，将拌上天麻种子的枯枝落叶装入带小孔的尼龙网袋，放入装有沙土的花盆或塑料箱等容器中再盖上沙土。2个月后若发现有天麻种子萌发，可将原生球茎作为分离材料，进行萌发菌的分离。

（2）原地播种收集分离材料　在天麻种子成熟季节，在有野生天麻分布的山林下收集枯枝落叶，拌上天麻种子，将拌上天麻种子的枯枝落叶装入带小孔的尼龙网袋，埋入林中浅土层。2个月后若发现有天麻种子萌发，可将原生球茎作为分离材料，进行

萌发菌的分离。

（3）在播种穴中收集分离材料 在天麻种植区，选择播种穴中的原球茎或萌发菌菌叶作为分离材料。

4. 分离纯化培养基的制作

只要适合萌发菌生长的培养基都可作为萌发菌分离、纯化的培养基，但在实际操作中常选择 PDA 培养基（马铃薯葡萄糖琼脂培养基）。PDA 培养基的配方及制作：马铃薯 200g，葡萄糖 20g，琼脂 15～20g，水 1L。将马铃薯洗净，去皮并挖去芽眼，切成黄豆大小的颗粒，称取 200g，加水 1L，煮沸 20～30min 后，用 4 层纱布过滤，取滤液加水补足 1L，即为马铃薯煮汁。在煮汁中加入 15～20g 琼脂，温火加热并不断搅拌至全部溶化，再加入葡萄糖搅拌溶化，再补水至 1L，即为 PDA 培养基。分装试管或锥形瓶，加塞、包扎，121℃下灭菌 20min 左右后，取出试管摆斜面或将锥形瓶的 PDA 培养基倒平板，冷却后，必须放在 25℃ 温箱培养 24h，无菌生长者，储存备用。

二 萌发菌的分离纯化方法

1. 原球茎分离纯化方法

分离萌发菌可采用以原球茎为分离材料的方法。选取健壮的原球茎，先清除泥土，用无菌水冲洗数次，用 75% 酒精浸泡 1min 后，再用 0.1% 升汞溶液浸泡 3～5min，用无菌水冲洗 2～3 次后剪成尽可能小的块在链霉素液中蘸一下，再用无菌水冲洗 2～3 次，最后用灭菌滤纸吸干表面附着水后，接入 PDA 平面培养基或斜面试管中，在 25℃ 恒温条件下培养 5～10 天。待 PDA 平面培养基或斜面试管中有白色健壮的菌丝长出，挑取菌丝生长点处接入 PDA 平面培养基或斜面试管中，如此反复几次，即可得到纯化的菌株。

2. 播种坑里的萌发菌菌叶分离纯化方法

分离萌发菌可采用以播种坑里的萌发菌菌叶为分离材料的方

法。选取天麻长势良好的播种坑，取其中萌发菌长势良好的萌发菌菌叶，先清除泥土，用无菌水冲洗数次，在75%酒精中浸泡1min后，再用0.1%升汞溶液浸泡3～5min，用无菌水冲洗2～3次，用灭菌滤纸吸干表面附着水后，用接种针挑取少量的菌丝，接入PDA平面培养基或斜面试管中，在25℃恒温条件下培养3～10天。待PDA平面培养基或斜面试管中有白色健壮的菌丝长出，挑取菌丝生长点处接入PDA平面培养基或斜面试管中，如此反复几次，即可得到纯化的菌株。

3. 单菌丝团分离法

分离萌发菌可借鉴贵州省生物技术研究所朱国胜等的发明专利——兰科植物菌根真菌单菌丝团分离技术。此方法可以提高分离天麻原球茎菌根菌的分离率。选取健壮的原球茎作为分离材料，包括以下步骤：

1）除去原球茎表面的杂菌及泥土等附属物。

2）采用解剖针刮制法制备单菌丝团。

3）单菌丝团溶液静置诱使菌丝团萌发生长。

4）萌发生长菌丝团转接小块PDA培养基培养。

【提示】 以上3种分离方法中，单菌丝团分离方法解决了兰科植物菌根真菌及与兰科植物菌根相似的其他类菌根真菌分离培养的技术难题，提高了菌株分离的可靠性，减少了筛选工作量，但操作技术难度大，需要一定技术的专业人员操作；原球茎分离方法操作简单、分离的效果也比较好；播种坑里的萌发菌菌叶分离纯化方法操作简单，但分离效果不如其他两种方法好。

三 萌发菌的鉴定

纯化获得的单一菌株，还必须经鉴定后方可用于天麻生产。在生产上，鉴定萌发菌最简便和实用的办法是进行天麻种子萌发试验，即将经分离所得菌种拌播天麻种子，看天麻的萌发情况。

　　具体方法如下：预先在组培瓶里平铺2层海绵，进行高压灭菌20min。将分离纯化的萌发菌连同培养基挑取一块，转接在阔叶树树叶上，25℃下恒温培养。菌丝长满树叶时，取长满萌发菌的树叶，在无菌条件下，拌上一定数量的天麻种子，将拌好种子的树叶放入预先灭好菌的组培瓶的海绵上，22℃下恒温培养，培养过程中注意加无菌水使海绵保湿，同时又不能让水浸到天麻种子。2～3个月后观察结果，如果观察到原球茎，说明所得菌种即为萌发菌，可对其扩大繁殖，进行进一步筛选。

第三节　萌发菌菌种高效生产技术

一　菌种生产场所的选择、布局与建设

1. 生产场所的选择

　　萌发菌生产是一项系统工程，受多种因素的影响。因此，除了要求操作者有良好的专业素质和技术外，还需要有良好的生产场所。为了提高菌种纯培养的成功率，降低污染率，生产菌种的厂房应建在水、电、交通便利，空气新鲜，四周无垃圾、无污染、杂菌少的地方。

2. 合理布局

　　场地规划和布局要合理、科学。根据生产工艺流程，对原材料仓库、生产车间进行合理布局，使其成为一条流水作业生产线，以便于操作和提高生产效益。

3. 建筑要求

　　所有建筑场所内均要求水泥地面，在同一水平面上，便于冲洗和机械运输，而且不易沾染霉菌孢子，不易吸湿；各间、室要求密闭、隔热、保温、通气、采光等性能好，水电设施齐备；内墙、顶棚应涂防水涂料。

二 常用设备

1. 配料设备

铁铲、量筒、量杯、台秤、磅秤、水管等都是必备物品，具有一定规模的生产场所还应有搅拌机、粉碎机等。

2. 装料工具

玻璃瓶、聚乙烯或聚丙烯塑料瓶（袋）及打孔器等，具有一定规模的生产场所还应有装袋机。

3. 灭菌设备

对培养料的灭菌可采用高压灭菌或常压灭菌方式。高压灭菌需要配备高压灭菌锅，根据生产规模配备不同型号和大小的灭菌锅。高压灭菌的优点是灭菌效果好、灭菌时间短、节省燃料；缺点是设备价格较高，操作人员要有相关的专业知识。常压灭菌一般采用常压灭菌灶，这种灭菌灶的优点是造价低，容量可根据生产量设计；缺点是温度最多只能达到100℃，灭菌时间较长，一般需要 8 ~ 10h，燃料消耗较大。

4. 接种设备

接种一般需要在接种室内进行，接种室内应配有紫外灯、接种箱或超净工作台、酒精灯、灭菌药品及接种工具等。

5. 培养保藏设备

菌种保藏主要是指对母种和部分原种进行储存，一般选用冰箱或冰柜。栽培种应根据生产及季节进行安排，一般不进行储存。

三 母种扩大培养

母种扩大培养即在无菌条件下将经分离纯化并使天麻种子萌发良好的原始母种，转接于已经灭菌的培养基上进行扩繁。用于母种扩大培养的培养基可以与原始母种的培养相同，一般是 PDA 培养基或 PDA 加富培养基。也可以用以阔叶树的木屑、麦粒或玉米粒、麸皮等为主料，添加一定营养成分的改良培养基。

母种扩大培养最常用的操作方法是用接种针（最好是灭过菌的竹签）将试管内的萌发菌菌丝连同培养基一起切成0.3~0.5cm的小块，转放入新的试管培养基中。在22~25℃温度下避光培养，当菌丝基本长满培养基表面时，即可用于原种生产。

 【注意】 多次转管将导致萌发菌菌种严重退化。

四 原种生产

1. 培养基制作

（1）棉籽壳麸皮培养基 棉籽壳87.5%，麸皮10%，蔗糖1%，石膏粉1%，磷酸氢二钾0.3%，硫酸镁0.2%。

（2）锯木屑麸皮培养基 青冈、板栗等阔叶树的木屑77.5%，麸皮15%，玉米粉5%，蔗糖1%，石膏粉1%，磷酸氢二钾0.3%，硫酸镁0.2%。

2. 拌料、装瓶、灭菌

按照上述原料的比例将蔗糖、磷酸氢二钾、硫酸镁溶于少量的水中，然后与其他原料搅拌均匀，并使料水重量比为1:(1.2~1.3)。建堆发酵24h左右，再次将培养料搅拌均匀后，装入塑料菌种袋或瓶中，以袋或瓶容积的4/5为宜，盖盖后高压灭菌1.5~2h或常压灭菌8~10h。

3. 接种、培养

培养料灭菌后，移入冷却室或接种室冷却至室温，在无菌条件下接入母种，25℃恒温避光条件下培养，菌丝长满整个培养基后，所得菌种即为原种。

五 栽培种生产

目前，天麻生产上用的萌发菌栽培种大多采用阔叶树落叶

制作，具体方法：将树叶用清水浸泡湿透后，捞出并沥干明水，按树叶干重计算，均匀拌入 15% ~ 20% 的麸皮、1% 的蔗糖、1% 的石膏粉，加水使培养料含水量在 55% 左右，将培养料装入塑料菌种袋中或瓶中，以袋或瓶容积的 4/5 为宜，盖瓶后高压灭菌 1.5 ~ 2h 或常压灭菌 8 ~ 10h。培养料灭菌后，移入冷却室或接种室冷却至室温，在无菌条件下接入原种，25℃ 恒温避光条件下培养，菌丝长满整个培养基后，所得菌种即为萌发菌栽培种。

六　萌发菌高效生产方法

为减少多次转管导致菌种退化及缩短菌种生产周期，采用固体菌种和液体菌种相结合的方法可以简便快速有效地制作萌发菌栽培种，具体方法：将分离纯化并使天麻种子萌发良好的原始母种，接入灭过菌的 PDA 液体培养基中，一般 5 ~ 7 天菌落生长就很旺盛，再将培养好的液体培养基移入萌发菌栽培种培养基中，25℃ 恒温避光条件下培养，菌丝长满整个培养基后，所得菌种即为栽培种。此种方法可以快速大量地进行母种扩繁，既减少了转管次数，也节省了原种制作步骤和时间。此外，采用液体菌种接种栽培种培养基，具有多个萌发点，菌丝长满整个培养基的时间也就相应缩短了。

第四节　萌发菌菌种的保存及复壮技术

一　萌发菌菌种的保存

1. 母种的保存

（1）常温保存　菌种在室内冷凉处，可以保存 2 ~ 3 个月。但保存时间过长，培养基会失水而干缩。

（2）低温保存　菌种在 1 ~ 4℃ 冰箱内可保存 3 ~ 12 个月。保存菌种时应将菌种用油纸包好放在塑料自封袋里，以防棉塞受潮或培养基结冰。低温保存的菌种，在使用前要放于室温下活化，否则菌种不易成活。

2. 原种和栽培种的保存

原种和栽培种应根据生产季节按计划生产，不宜长期保存。长期保存易使菌种老化而影响接菌效果。有冷库可保存在冷库中，温度宜控制在0～6℃，保存期为2～6个月；无冷库的可在冷凉、干燥、清洁的室内保存，保存时间不宜过长。

二 萌发菌菌种退化的原因和表现

1. 退化的原因

萌发菌菌种退化的原因主要有多次转管和种植技术不规范。

2. 退化的表现

萌发菌菌种退化主要表现在以下方面：生长速度变慢，菌丝变色，培养基质内有分泌物，对基质、温度、湿度及其他环境变化的适应性变差，容易污染；用来伴栽天麻，其种子萌发率降低，原球茎变小，天麻的产量下降等。

三 萌发菌菌种复壮的方法

萌发菌菌种复壮可采用的方法有菌丝尖端脱毒、物理诱变、化学诱变和子实体诱导等，在有条件的天麻产区可采取一种简便有效的方法：在天麻种子成熟季节，从有野生天麻分布的山林下收集枯枝落叶，拌上天麻种子，一起装入带小孔的尼龙网袋，放入装有沙土的花盆或塑料箱等容器中再盖上沙土。2个月后若发现有天麻种子萌发，可将原生球茎作为分离材料，进行萌发菌的分离。

四 复壮后的标准

复壮后的萌发菌生长旺盛，整个菌落为乳白色、白色，菌丝致密、光滑，具有较好的遗传稳定性、抗污染性和适应性，用其伴栽天麻可促进天麻种子萌发，提高天麻的产量。

第四章 天麻共生萌发菌菌种高效生产技术

——第五章——
天麻共生蜜环菌菌种高效生产技术

　　天麻与蜜环菌（*Armillariella mellea*）的关系是天麻发育生物学的一个重要问题。天麻自身不能制造营养，必须依靠蜜环菌作为营养来源，也就是说，没有蜜环菌就不能栽培天麻。在天麻、蜜环菌和树材三者之间，蜜环菌是"营养桥梁"，树材是它们之间的物质基础，即蜜环菌从树材中吸取营养构成自身，天麻又从蜜环菌中吸取营养构成自身。对天麻、蜜环菌、树材三者之间关系的认识，是人工栽培天麻的理论基础。

　　天麻与蜜环菌的结合，需要具备一定条件才能实现。一般天麻生长盛期，新生块茎是不能被蜜环菌侵入的。而蜜环菌也只有在自身幼嫩、菌索呈白色或棕红色时才能侵入天麻块茎，衰老的黑褐色菌索就不能侵入。天麻块茎处于休眠或萌发阶段，蜜环菌才能侵入天麻而共生结合。其结合方式是当蜜环菌的菌索触及天麻后，贴伏在麻体表面，以菌索分枝的生长点侵入天麻原球茎和块茎，天麻与蜜环菌的共生结合从此开始。

　　当蜜环菌的菌索触及天麻后，以幼嫩的黄白色菌索分枝尖端的生长点侵入原球茎或块茎的栓皮并伸入皮层细胞，吸收天麻原球茎或块茎表皮组织的营养，形成了天麻供给蜜环菌营养的关系，表现了蜜环菌对天麻的寄生。天麻在接近中柱部位的组织中，有数列体积较大而生命力较强的细胞，细胞中具有溶菌酵素，有同化消解蜜环菌菌丝体的功能，称为消化层。当蜜环菌菌丝进一步侵入天麻的消化层时，则被天麻消化层细胞中的溶菌细胞分化、溶解和吸收，成为天麻生长的营养物质，这时表现为天麻对蜜环菌的寄生。未与蜜环菌结合的原球茎、米麻和白麻，由于没有营养来源而呈"饥饿状态"。

到了秋季，天麻已完成年生长周期，逐步进入休眠。原先的种麻逐渐丧失消化吸收菌丝的代谢能力。这时细胞中的蜜环菌菌丝体生长占据主要优势，部分菌丝可穿至内部的中柱组织，使整个皮层和中柱组织被菌丝体分解吸收。当块茎母麻的营养枯竭时，皮层组织中的菌丝聚集形成新的菌索，大量吸收天麻的营养，使之成为空壳。当蜜环菌的营养生长过旺，天麻生长缓慢时，两者之间的营养关系会失去平衡，天麻就会被蜜环菌分解而成为空壳。这是蜜环菌再次摄取天麻营养的时期。这也是生产过程中常出现只见菌而收不到天麻的原因。

综上所述，天麻在正常情况下，靠消解蜜环菌菌丝作为营养来源，这是天麻依存蜜环菌的原因。但是，一旦环境条件不利于天麻生长发育时，蜜环菌反而会消解天麻块茎作为自身营养来源。所以，栽培天麻的管理是非常重要的。若浇水过大或降雨过多，会使蜜环菌长势过旺，反过来危害天麻，新生麻也会发生腐烂。由此可见，天麻与蜜环菌的共生关系是随着不同生育时期和周围环境条件的变化而变化的。只有创造和利用有利于天麻生长的环境条件，才能达到高产的目的。

第一节　蜜环菌的特性

蜜环菌属伞菌目、口蘑科（白蘑科）、蜜环菌属的一种兼性寄生性真菌，别名榛蘑、栎蘑。蜜环菌属真菌全球已知约40种，广布世界各地。我国已报道的13种蜜环菌生物种中，有6种是已知种类，在国外也有分布，具有分类学名称及中文名称；7种是

国内外首次发现的种类，其中的 2 种已有描述，并被确定为新的分类种，赋予了分类学名称及中文名称，另外 5 种尚未有描述，暂时无分类学名称及中文名称。

一 蜜环菌的形态特征

蜜环菌的生长发育阶段可分为菌丝体和子实体两个阶段。

1. 菌丝体

菌丝体一般是以菌丝和菌索两种形态存在的。在液体菌种制作中菌丝体以菌球或分枝菌体形式存在。

1）菌丝是一种肉眼看不清楚的丝状体，在纯培养中菌丝呈白色绒毛状。在木材上和树皮下生长的初期，可见由大量菌丝组成的呈白色珊瑚状的菌丝块或菌丝束。在腐烂的天麻块茎内有时也可见到菌丝块。

2）菌索是由很多菌丝集结而成的，似绳索或植物的根，对不良环境有较强的抵抗力。菌索具有运输养分的作用，还能生长发育，分化形成子实体。在纯培养中的菌索，幼嫩时为白色，之后逐渐变为黄褐色，衰老时变为棕褐色。在室外林地上和菌材上的菌索，幼嫩时为棕红色，尖端有白色生长点。生长旺盛的菌索富有弹性，不易拉断；其断后可见到由若干菌丝组成的较坚韧的乳白色菌丝束。菌索的再生能力很强，如果将其截断，在适宜的条件下，还可继续生长出菌丝，菌丝又在一定时间内形成新的菌索（彩图6）。

3）菌球及分枝菌体均能发光。振荡培养 4~5 天发光最强，7 天后逐渐减弱。在培养中，菌球生长密度的大小可代表该菌生长势的强弱。

2. 子实体

蜜环菌的子实体常于夏末秋初湿度较大的条件下产生。子实体多呈伞状，丛生于老树桩、朽木或死树及倒木上。子实体由菌盖和菌柄组成。菌盖为蜜黄色或土黄色，肉质，半球形，中央稍隆起，成熟时稍凹陷，表面中央有多数暗褐色毛鳞。菌柄呈圆柱状，大多数有菌环，较松软，膜质，白色且有暗色斑；菌柄上部为微白色，下部为浅褐色，基部有时有纤细鳞片，菌柄外围为纤维质，中心为海绵质，成熟后中空。孢子呈圆形或椭圆形，无色透明。子实体成熟后释放孢子于地面，在温度和湿度适宜的条件下萌发出初生菌丝，进而转为次生菌丝和菌索。菌索在低温高湿的环境下可长出子实体。蜜环菌的子实体鲜美可食。

二 蜜环菌的生活习性

1. 腐生，兼性寄生

蜜环菌多腐生在林间枯死的树根、树干、枯枝和杂草上，也可寄生在活树上。

2. 好气

蜜环菌在通气良好的条件下才能生长旺盛；在缺氧的条件下，生长不良，甚至停止生长。

3. 发光

蜜环菌菌丝和幼嫩的菌索在黑暗处会发出荧光。发光的强弱与温度、湿度和空气有关。

4. 温度

蜜环菌生长的温度范围为 6 ~ 30℃，最适生长温度为 23 ~ 26℃，超过 30℃ 时菌丝停止生长。

5. 湿度

蜜环菌要求基质的适宜湿度为 35% ~ 70%，即沙壤土或锯木屑加沙（3:1）的培养料为 45% ~ 60%，沙砾土为 35% ~ 50%，腐殖土为 50% ~ 70%。蜜环菌适宜多雨湿润的土壤，蜜环菌伴栽天麻后的土壤含水量以 40% ~ 50% 为宜。大气相对湿度对蜜环菌子实体的形成有重要的影响，子实体形成的相对湿度为 85% ~ 95%。

6. 光照

蜜环菌不同于绿色植物，不能进行光合作用，不需要直射光

第五章 天麻共生蜜环菌菌种高效生产技术

线。蜜环菌在直射光线下，其菌丝生长缓慢，难以形成菌索。但蜜环菌子实体的分化生长需要一定的散射光，黑暗条件下不能形成子实体。

7. pH

蜜环菌适宜的 pH 为 5.0～6.0。蜜环菌在基质中分解利用各种有机质，可逐渐使局部环境酸化。

8. 适宜的树种

多种阔叶树适宜蜜环菌生长，但以壳斗科的茅栗、青冈、槲栎等与蜜环菌有很好的亲和力，最适宜蜜环菌生长。

三　不同蜜环菌菌株与天麻产量的关系

不同来源的蜜环菌对天麻的产量影响很大，同样是生长旺盛的蜜环菌菌索，一些蜜环菌菌株伴栽天麻后天麻的产量很高，另一些菌株伴栽天麻的效果很差，有些甚至是天麻的病原菌。蜜环菌形态解剖特征，如菌索髓部的大小、髓部菌丝的多少与天麻产量有着正相关性。例如，菌索纤细、生长速度缓慢、菌索分枝少及在培养瓶中菌索表皮变红等，这些都是劣质菌种在外观上的表现。掌握这些蜜环菌的特征，就可在菌种生产前及时淘汰，避免不必要的损失。

第二节　蜜环菌菌种的分离纯化和鉴定技术

一　准备工作

1. 常用消毒剂的配制

蜜环菌菌种常用消毒剂的配制同第四章第二节。

2. 无菌室、无菌箱、培养室的消毒

蜜环菌菌种的分离纯化、鉴定所用无菌室、无菌箱、培养箱的消毒，同第四章第二节。

3. 分离材料的准备

（1）蜜环菌菌索　夏季或秋季雨过天晴之后，采集枯树枝或枯树桩上棕红色的蜜环菌菌索，用靠近白色生长点生命力强的幼嫩部位作为分离材料；或者将有蜜环菌菌丝的枯树枝或枯树桩带回室内培养，等其长出蜜环菌菌索后，再将幼嫩菌索作为分离材料。

（2）带菌索的天麻块茎 天麻采收季节，挑选健康的、带菌索的白麻、母麻或营养繁殖茎作为分离材料。

（3）蜜环菌子实体 在天麻种植区或有野生蜜环菌生长的地方，采取发育正常、无病虫害、尚未开伞的子实体作为分离材料。

（4）孢子 收集子实体成熟后散出的孢子作为分离材料。

4. 分离纯化培养基的制作

只要是适合蜜环菌生长的培养基都可作为蜜环菌分离、纯化的培养基，但在实际操作中常选择 PDA 培养基。

PDA 培养基的配方及制作：马铃薯 200g，葡萄糖 20g，琼脂 10～15g，水 1L。将马铃薯洗净，去皮并挖去芽眼，切成黄豆大小的颗粒，称取 200g，加水 1L，煮沸 20～30min 后，用 4 层纱布过滤，取滤液加水补足 1L，即为马铃薯煮汁。在煮汁中加入 10～15g 琼脂，温火加热并不断搅拌至琼脂全部溶化，再加入葡萄糖搅拌溶化，补水至 1L，即为 PDA 培养基。分装试管或锥形瓶，加塞、包扎，121℃下灭菌 20min 左右后，取出试管保持试管垂直或将锥形瓶的 PDA 培养基倒平板，冷却后，必须放在 25℃温箱培养 24h，无菌生长者，储存备用。

二 蜜环菌的分离纯化方法

1. 菌索分离方法

分离蜜环菌可采用以蜜环菌菌索为材料的分离方法。选取菌索顶端幼嫩部位，先清除泥土，用无菌水冲洗数次，在 75% 酒精中浸泡 1min（或 0.1% 升汞溶液浸泡 0.5～1min），再用无菌水冲洗 2～3 次，在抗生素溶液中浸泡片刻，用灭菌滤纸吸干表面的附着水后，接入 PDA 培养基中，在 25℃恒温条件下培养，3 天左右在接种点处开始发出少许绒毛状白色菌丝。在接种点处刚产生菌索分枝时，立即用接种铲选择其中生长旺盛而幼嫩的菌索部分，截取一小段转入 PDA 培养基中，25℃恒温培养，菌索长满培养基后即为纯化的母种。

2. 带菌索的天麻块茎分离方法

分离蜜环菌可采用以带菌索的天麻块茎作为分离材料的方法。先清除天麻块茎上的泥土，用无菌水冲洗数次，在 75% 酒精中浸泡 1～2min（或 0.1% 升汞溶液浸泡 1～1.5min），再用无菌水冲洗 2～3 次，切取接有蜜环菌菌索的天麻块茎表皮部分组织，将这些表皮组织在抗生素溶液中蘸一下，用灭菌滤纸吸干表面的附着水后，接入 PDA 培养基中，在 25℃恒温条件下培养，3 天左右在接种点处开始发出少许绒毛状白色菌丝，在接种点处刚产生菌索分枝时，立即用接种铲选择其中生长旺盛而幼嫩的菌索部分，截取一小段转入 PDA 培养基中，25℃恒温培养，菌索长满培养基后即为纯化的母种。

 【提示】

1）菌索在 75% 酒精中浸泡消毒时，消毒时间的掌握极为重要。消毒时间过长，则菌索会失去活力；消毒时间过短，则消毒不彻底易感染杂菌。一般幼嫩菌索1min，老化菌索约2min 为佳。

2）在培养基中加入适当的抗生素是目前抑制细菌生长最有效的方法。加青霉素（2mg/mL）可抑制革兰氏阳性细菌生长，加金霉素（30mg/mL）可抑制多种细菌生长，加链霉素（40mg/mL）和氯霉素（50mg/mL）可抑制大部分细菌生长。加上述抗生素（除氯霉素）可在制作培养基前加入，其他的应该在培养基灭菌后冷却至45℃时再加入。

3. 子实体分离法

分离蜜环菌可采用以蜜环菌子实体作为分离材料的方法。选择新鲜、无病虫害、尚未开伞的子实体，先清除泥土，切去菌柄基部，用75%酒精棉球擦拭菌盖和菌柄2次，进行表面消毒。接种时，将子实体撕开，在菌盖和菌柄交界处或菌褶处挑取一小块组织，移接到PDA培养基中。置25℃左右的温度下培养3~5天，就可以看到组织上产生白色绒毛状菌丝，7天以后开始长出新的菌索。在接种点处刚产生菌索分枝时，立即用接种铲选择其中生长旺盛而幼嫩的菌索部分，截取一小段转入PDA培养基中，25℃恒温培养，菌索长满培养基后即为纯化的母种。

4. 孢子分离法

分离蜜环菌可采用以蜜环菌子实体成熟后散出的孢子作为分离材料的方法。子实体采收后用75%酒精棉球轻轻擦拭菌盖及菌柄进行表面消毒。用无菌刀切掉多余菌柄（留下1.5~2.0cm即可），把菌直立，菌柄朝下插入支持物上，放入事先准备好的铺有无菌滤纸条的平皿中，盖上钟罩。孢子收集装置需事先进行高压灭菌消毒。把装好子实体的孢子弹射收集器放在温度为15~20℃的室内，经24~48h，可见到无菌滤纸上有白色的孢子印。在无菌操作下把收集到蜜环菌孢子的滤纸条装入无菌的空试管中，并在室温下进行真空干燥，后放入冰箱可长期保存备用。孢子分离法包括多孢分离和单孢分离两类。多孢分离是把多个孢子群接种在同一培养基上，让它们萌发共同生长交错在一起，从而获得纯种的一种方法。由于孢子间的种性互补，基本上可以保持亲本的稳定性，而且此法比较简易。单孢分离就是将采集到的孢子群单个分开进行培养，让它单独萌发成菌丝而获得纯种的方法。

三 蜜环菌分离纯化菌种的鉴定

1. 伴栽试验鉴定

蜜环菌是天麻营养生长不可缺少的物质基础，天麻产量的高低和品质的优劣与蜜环菌的优劣有着密切的关系。中国医学科学

院药用植物研究所王秋颖、郭顺星指出：目前，世界范围内已报道的蜜环菌菌种中，只有少数几种适合天麻生长。但每种根据产地不同又分为不同的菌株，在适合天麻生长的蜜环菌菌株范围内，每种菌株对天麻产量的影响也是不同的。纯化获得的单一菌株，还必须鉴定后方可用于天麻生产。在生产上，鉴定蜜环菌最简便和实用的办法是进行天麻伴栽试验，伴栽方法同天麻常规种植方法。

2. 分子鉴定

有学者收集了一些来自天麻块茎和生长期天麻附近的蜜环菌菌株进行栽培试验和种类鉴定，结果表明，高卢蜜环菌的共生效果相对要好一些。黄万兵等在贵州省天麻主产区对不同菌株与天麻进行栽培试验和种类鉴定，结果表明：高卢蜜环菌与天麻的共生效果最好，其次是粗柄蜜环菌，蜜环菌最差。

蜜环菌在 rDNA-ITS、rDNA-IGS、Tef1-α 序列上的多样性依次递增，不论是序列间的两两比较还是系统发育分析，rDNA-ITS 都不能很好地区分开 *A. gallica* 和 *A. cepistipes*，但能将它们与 *A. mellea* 明显分开。rDNA-IGS 的情况与 rDNA-ITS 类似，但 rDNA-IGS 在 *A. gallica* 和 *A. cepistipes* 菌株间的差异性要略大于 rDNA-ITS。Tef1-α 在蜜环菌中差异显著，遗传多样性极丰富，它不仅能区分 *A. mellea*、*A. gallica* 和 *A. cepistipes*，甚至能区分同种属的菌株。

【提示】 在自然界，有一种与蜜环菌极为相似的真菌，叫假蜜环菌。二者十分相似，不易区分。但假蜜环菌不能与天麻结合共生，也不能为天麻提供营养。所以，分离纯化的蜜环菌菌株在进行大面积推广前，非常有必要进行天麻伴栽试验。

第三节　蜜环菌菌种高效生产技术

一　菌种生产场所的选择、布局与建设

蜜环菌菌种生产场所的选择、布局与建设，同第四章第三节。

二　常用设备

蜜环菌菌种生产的常用设备，同第四章第三节。

三　母种扩大培养

母种扩大培养即在无菌条件下将经分离纯化并通过初步鉴定的蜜环菌原始母种转接于已经灭菌的培养基上进行扩繁。用于母种扩大培养的培养基可以与原始母种培养所用的培养基相同，一般是 PDA 培养基或 PDA 加富培养基。最好用阔叶树的木屑、麦粒、玉米粒和麸皮等为主料，添加一定营养成分的改良培养基，因为此类培养基更有利于蜜环菌菌索的生长，并且在相同培养基体积下，所含蜜环菌生物量要比 PDA 培养基或 PDA 加富培养基多几倍。

母种扩大培养最常用的操作方法：用酒精棉球将试管表面消毒后，将试管口朝下，用镊子轻轻将试管底部敲碎，用接种铲将试管内的蜜环菌菌索连同培养基一起，切成小块转放入母种扩大培养基上。在 22～25℃温度下避光培养，当菌索基本长满培养基时，即可用于原种生产。一般 1 支木屑培养基试管可转接 40～50 瓶原种。

四　原种生产

1. 培养基的制作

（1）棉籽壳混合培养基　棉籽壳 20%，锯木屑 50%，麸皮 28%，蔗糖 1%，石膏粉 0.5%，磷酸氢二钾 0.3%，硫酸镁 0.2%。

（竖排）第五章　天麻共生蜜环菌菌种高效生产技术

将上述原料按比例充分混合，调至含水量为60%左右，装入500mL菌种瓶中，以瓶容积的4/5为宜，盖瓶后高压灭菌2h或常压灭菌8～10h。

（2）玉米粒培养基 玉米粒87.5%，麸皮10%，蔗糖1%，石膏粉1%，磷酸氢二钾0.3%，硫酸镁0.2%。

制作时先将玉米粒加水浸泡12h，先将蔗糖、磷酸氢二钾、硫酸镁按比例溶于少量水中，然后与其他原料搅拌均匀，并使料水重量比为1:（1.2～1.3）。装入塑料菌种袋中或瓶中，以袋或瓶容积的4/5为宜，盖瓶后高压灭菌2h或常压灭菌8～10h。

2. 接种、培养

培养料灭菌后，移入冷却室或接种室，冷却至室温。在无菌条件下接入母种，25℃恒温避光条件下培养，菌索长满整个培养基后，所得菌种即为原种。

五 栽培种生产

1. 培养基的制作

（1）小树段加清水或培养液培养基 制作时先将手粗的树枝截成长2～3cm的小段，在水中浸泡48h左右，使树枝段充分吸水，然后装入500mL菌种瓶中，以瓶容积的4/5为宜，再加水至瓶口，盖瓶后高压灭菌2h或常压灭菌8～10h。用不同树种的小树段培养蜜环菌，其培养效果不同。

（2）玉米粒培养基 玉米粒60%，锯木屑27.5%，麸皮10%，蔗糖1%，石膏粉1%，磷酸氢二钾0.3%，硫酸镁0.2%。

制作时先将玉米粒加水浸泡12h，先将蔗糖、磷酸氢二钾、硫酸镁按比例溶于少量水中，然后与其他原料搅拌均匀，并使料水重量比为1:（1.2～1.3）。装入塑料菌种袋中或瓶中，以袋或瓶容积的4/5为宜，盖瓶后高压灭菌2h或常压灭菌8～10h。

2. 接种、培养

培养料灭菌后，移入冷却室或接种室，冷却至室温。在无菌条件下，将原种转接于栽培种培养基，25℃恒温培养，待蜜环菌菌索长满整个培养基后即可用于培养菌枝、菌材。

第四节　蜜环菌菌种的保存及复壮技术

一　蜜环菌菌种的保存

1. 母种的保存

（1）常温保存　菌种在室内冷凉处，可以保存 2～3 个月。保存时间过长，培养基会失水而干缩。

（2）低温保存　菌种在 1～4℃冰箱内可保存 3～12 个月。保存菌种时应将菌种用油纸包好放在塑料自封袋里，以防棉塞受潮或培养基结冰。低温保存的菌种，在使用前要放于室温下活化，否则菌种不易成活。

2. 原种和栽培种的保存

原种和栽培种应根据生产季节按计划生产，不宜长期保存。有冷库可保存在冷库中，无冷库可在冷凉、干燥、清洁的室内保存。长期保存的菌种会老化，影响接菌效果。

二　蜜环菌菌种退化的原因和表现

1. 退化的原因

蜜环菌菌种退化的原因主要有木棒多代接菌培养、蜜环菌生命力下降和种植技术不规范。

2. 退化的表现

蜜环菌菌种退化主要表现在以下几个方面：生长速度变慢、菌索变细，分枝变少，菌索外壳变薄、皮层变厚、中心疏松菌丝变少，菌索无弹性、易碎，培养基质容易褐变，对基质、温度、湿度及其他环境变化的适应性变差，容易污染；用来伴栽天麻时，天麻的产量下降等。

三 蜜环菌菌种复壮的方法

1. 菌索更新

1）野外采集侵染有蜜环菌菌丝的树根、木段，带回室内埋在培养基基质内（锯木屑和泥土或沙子混合），给予适当的温度和湿度进行培养，使之长出蜜环菌菌索，选择菌索粗壮、生长旺盛的进行菌种分离，获得生命力旺盛的蜜环菌菌索。也可直接从野生蜜环菌菌索中挑选粗壮、生长旺盛的进行菌种分离，获得生命力旺盛的蜜环菌菌索。

2）天麻种植户可直接从天麻栽培穴中采集侵染有蜜环菌菌丝的树根、木段或粗壮、生长旺盛的菌索，给予适当的温度和湿度进行培养，使之长出蜜环菌菌索，选择菌索粗壮、生长旺盛的进行菌种分离，获得生命力旺盛的蜜环菌菌索。

3）采集带有蜜环菌菌索的天麻块茎，进行蜜环菌菌种分离，进而获得生命力旺盛的菌索。

2. 培育子实体

对于野外采集的子实体，可直接用野生蜜环菌子实体作为材料进行菌种的分离复壮。或用野生蜜环菌子实体制作孢子印，用孢子来进行菌种分离复壮。在有条件的地方，人工培养蜜环菌子实体复壮菌种，是一种有效的方法。用新鲜木段培养菌材伴栽天麻，所获得的蜜环菌子实体是极为罕见的。人工培养子实体一般选择头一年栽过天麻的老材（要进行处理）于第二年适当的时间（2～3月或8～9月）埋到山间才可能有子实体出现；或人工制作蜜环菌菌棒培养子实体。将菌棒置于25℃下培养25～30天，将室内的温度降到15℃左右，空气的相对湿度保持在85%～95%，光照度为100～500lx，15天左右可见子实体原基。

四　复壮后的标准

复壮后的蜜环菌生长旺盛，具有较好的遗传稳定性、抗污染性和适应性，其菌索粗壮，分枝较多，中心疏松菌丝较多，菌索有弹性、不易拉断，用来伴栽天麻可提高天麻的产量。

第五节　菌材的培养技术

长满蜜环菌菌丝体或菌索的木材统称为菌材。其中，直径较小（3cm以下），长度较短（5cm以下），主要作为菌种使用的菌材，习惯上称为菌枝；其余较粗、较长且主要用于栽培天麻，直接为天麻生长提供营养的菌材，习惯上称为菌棒。

一　树种选择

根据木材被蜜环菌浸染的速度、提供营养的时间，将木材分为长效菌材和速效菌材两类。常用的长效菌材树种有壳斗科的栓皮栎、青冈，蔷薇科的野樱桃、花楸树，以及胡颓子科的牛奶子树等。这类树种的木材木质坚硬，树皮肥厚不易脱落，营养丰富，耐腐性强，虽被蜜环菌浸染的速度较慢，发菌速度迟缓，可一旦发菌，则生长旺盛，持续时间长，可保证在天麻生长期内有足够的营养供给蜜环菌。常用的速效菌材树种有桦木科的白桦、桤木，大风子科的山桐子，以及杨柳科的杨树等。这类树种的木质较软，树皮薄，不耐腐，但易被蜜环菌浸染，发菌快，菌索粗壮，分枝多。

因各地的生态环境不同，所分布的树种也有所不同，故各地培养菌材的树种也不尽相同。选择树种一般要考虑以下因素：选用的树种是否适宜蜜环菌生长；所选树种的培菌效果和耐腐性；不同树种的菌材对天麻内在品质的影响；生态环境及种植成本。

因此，在天麻生产中要科学、合理地利用现有资源，如充分利用苹果树、板栗树、梨树、桃树、竹柳、桑树等经济林木更新和修剪下来的枝丫，将长效菌材和速效菌材搭配使用，以提高天麻的产量。

二 菌枝培养

1. 菌枝的培养时间

菌枝培养一年四季都可以进行，但为了不影响生产和造成木材的浪费及枝上蜜环菌的老化，适时培养是必需的。根据天麻的种植时间，一般一年培养2次，培养时间在培养菌材前的1~2个月。在自然条件下培养菌枝时，这1~2个月的时间一定要具备蜜环菌生长的温度，否则就应该提前培养或人工控温培养。

2. 培养菌枝的菌种来源

人工培养的三级蜜环菌菌种最好，因为，这样的蜜环菌是经过多年天麻种植试验而选择出来的，生命力强，分枝多，与天麻有较好的亲和力，对天麻的产量和质量有可靠的保证，同时，菌种比较纯，培养菌材杂菌污染的概率比较小。也可以用人工培养好的菌枝、菌棒或种过天麻的旧菌材，还可以用自然界中生长的蜜环菌。如果用种过天麻的旧菌材作为菌种，除了要注意所用菌材是否有杂菌污染外，还应注意这些菌材伴栽天麻不应超过两代，否则蜜环菌退化将影响天麻的产量，造成天麻减产甚至绝收。最好不擅自用自然界中生长的蜜环菌，因为，自然界中蜜环菌的种类很多，并不是所有蜜环菌都能为天麻提供营养，甚至有一些蜜环菌菌株是天麻的病原菌，一旦选择错误，将造成不可估量的经济损失。

3. 菌枝的培养方法

提前准备已经风干的树枝，在使用前应用清水浸泡至吸足水分后捞出并沥去明水备用。现砍的新鲜木材可以不泡（泡了更好），若有条件，将新鲜木材蒸、煮或用开水烫一下，这样可以杀死木材上的部分杂菌和虫卵，减少甚至避免病虫害的发生。根据生产需要挖一定大小的坑；坑底先铺 1cm 厚的湿润树叶，然后摆放一层树枝，再放入菌种，在菌种上再放一层树枝，盖一层沙土。可依次堆放数层，最后盖 10cm 厚的沙土，再盖一层树叶保温保湿即可。

4. 优良菌枝的标准

优良菌枝应无杂菌感染，从外观上看，菌枝表面已经有蜜环菌菌索，菌枝两头可明显观察到有幼嫩束状菌索定植和伸出，剥去树皮时内部有白色的蜜环菌菌丝生长。

三 菌材培养

1. 木材的准备

在培养菌床前的 3～5 天，选择直径为 6～13cm 新鲜、无病虫害的树干、树枝，边选、边伐、边运到培菌场地；将运回场地的树材锯成所需长度的段。在木段的一面或两面每隔 3～4cm 破一个口，深至木质部，破口时尽量避免弄掉整块树皮。破口的方法有鱼鳞口、蛤蟆口、长三角形口 3 种。

2. 培养时间

以能有效利用木材营养，并能及时提供栽种天麻所需菌材等因素决定培养菌材的时间。过早，不仅造成木材的营养浪费，而且还可能导致天麻生长后期菌棒营养不足而影响天麻的产量；过迟，木材上没有发好蜜环菌，会造成天麻生长前期缺乏营养而减产。

由于培养菌棒的木材较培养菌枝的木材粗，蜜环菌长满的时间相对较长，通常需要 2～3 个月的时间，同时由于秋末、冬季和初春季节气温较低，蜜环菌生长缓慢，甚至不生长，为保证天麻播种时培养好菌棒且不造成木材营养的浪费，秋末温度较高的低海拔温带地区最好安排在 8～9 月进行，秋末温度较低的高海拔寒冷地区最好安排在 8 月以前进行，以确保蜜环菌有 2～3 个

月的适宜生长时间。

3. 培养场地的选择

一般选择坡度小于45°，透气沥水的沙壤土或沙土，以及水源方便的地方为宜；高山区应选背风、日照长的阳坡，低山区应选阴坡。

4. 培养方法

常用的培养方法有两种：一种是将木材集中在一定地点培养，在种植天麻时，将菌棒取出并运输到种植场地；二是在种植场地，将木材分散在各个坑中培养，种植天麻时，扒开覆土直接将天麻麻种放在木材上培养即可。前者可称为活动菌床法，后者可称为固定菌床法。

（1）活动菌床法 活动菌床法培养菌棒的方式主要有坑培、半坑培和堆培法，在室内也可采用箱培和砖池培。所谓的坑培就是将木材分层置于坑内培养，坑培法适合于土壤透气性良好、气温较高和气候干燥的地区。半坑培法就是在准备培养菌棒的地方挖一浅坑，将木材一半放坑内培养，另一半在坑上培养。半坑培法比较适宜温度和湿度比较适中的地区。堆培法不需要挖坑，将木材直接放在地面培养。堆培法适宜温度较低的地方。箱培法或砖池培法就是在箱子中或在砖砌成的池子中培育。具体做法：根据木材的数量，在准备培养菌棒的地方挖一定大小的坑，底部挖松3～5cm并耙平，铺一层湿树叶；在树叶上平行摆放一层木材（若为长枝段，相邻两根木材鱼鳞口相对摆放，间距1～2cm；若为短枝段，则由多节组成一列，斜口相对，间距1～2cm，每列间距也为1～2cm）；在木材两头和鱼鳞口处放三级菌种或菌枝；用土将木材间的空隙填实以免杂菌感染，盖土至超过木材约2cm，按同样的方法重复摆放数层，一般不超过8层，最后一层盖上8～10cm的土，浇透水1次。最后盖树叶或其他保温保湿材料。

（2）固定菌床法 固定菌床法培养的菌棒不需要取出，在进行天麻栽培时直接将麻种摆放在木材上即可。固定菌床法培养菌棒的坑就是栽培天麻的栽培穴。所以，坑的大小、深度及木材摆放方法都要符合天麻对栽培穴的要求。

根据天麻栽培穴的大小、深度与天麻产量的关系，固定菌床法培养菌棒的坑不宜过大，但也不能过小，因为太小会增加操作上的难度，生产上一般以40cm×60cm为宜；深度则视土壤性质而异，沙壤土以25cm为宜，黏土以20cm为宜。

具体做法：在准备种植天麻的地块，挖若干个长60cm、宽40cm、深20~25cm（沙壤土25cm，黏土20cm）的坑，底部挖松1~3cm，耙平使其与地面平行，铺一层湿树叶，在树叶上平行摆放一层木材，若土壤为沙壤土且坑底有坡度，木材横放；若土壤为黏土且坑底有坡度，木材竖放；坑底没有坡度的，无论何种土壤，木材横放或竖放都可以。在木材两头和鱼鳞口处放三级菌种或菌枝，用土将木材间空隙填实以免感染杂菌，盖土8~10cm。最后，盖树叶或其他保温保湿材料。

5. 菌材培养管理

（1）调节湿度　保持窖内填充物及木段的含水量为50%左右。根据窖内湿度的变化情况进行浇水和排水。

（2）调节温度　保持窖内温度为18~20℃。在春秋低温季节，可覆盖枯枝落叶或草进行保温。

6. 菌材质量检查

从外观上看不见有杂菌污染；菌索生长旺盛，幼嫩健壮，褐红色，坚韧且弹性好；拉断菌索后，从断面可见致密的粉白色菌丝体。有的菌材表面上虽然长有很多菌索，但多数老化，甚至部分是死亡的，这种菌材不能用。有的菌材表面无菌索或菌索较少，在菌材上砍去一小块树皮后，在皮下见有乳白色的菌丝块或菌丝束，证明已经接上菌，为符合要求的菌材。

第六章
天麻种子高效生产技术

用箭麻作为母种经过抽薹、开花、授粉、结果得到种子的方法称为有性繁殖法。通过有性繁殖，可以进行天麻品种改良，培育新品种和种苗，扩大种源，提高产量。天麻有性繁殖对解决生产中存在的无性繁殖退化也有十分重要的意义，是天麻高效栽培的重要环节。

第一节　温室育种

温室育种可以使天麻种子的播种期提前到 4 月。播种当年生长季长，接菌时间长，也可使更多的原球茎与蜜环菌建立营养关系，接蜜环菌后的一年可做种苗，是天麻有性繁殖增产的关键措施。特别是高山区及生长季节短的地区，采用温室育种，使种子成熟期和播种期提前，对种子提前发芽，延长原球茎的生长时间，及时接上蜜环菌，提高天麻种苗的产量效果显著。

一　温室大棚的设计与建造

种子场地应选择在住宅附近，便于管理。场地要求选在避风向阳的位置，方向为坐北向南，以利于温室充分采光，从而提高室内的温度。温室内的土壤要求疏松、湿润、不积水、无杂菌，温室四周无农作物地块，以防止传播病虫害给天麻植株。根据所需繁育种子的多少，采用镀锌钢管或竹子搭建大小合适的简易温室或大棚，棚高不低于2.5m，棚顶要覆盖遮阳网，遮阴度要在80%以上，仅保持温室或大棚内有一定的散射光，并配备温度、湿度和光照等调控装置和通风设施，以维持天麻适宜的育种条件。

二 整地做畦

温室大棚搭建好后，要整地除草，使温室内地面平整，并做畦(图6-1)，畦宽60cm，两畦间隔60cm，以便人行、观察及授粉操作；畦长可根据育种数量自由选择，为方便授粉操作，不宜过长，适当留出人行道；畦深以15cm为宜。整地做畦后，要全棚喷洒2%高锰酸钾溶液，进行土壤和棚内灭菌消毒，并将温室大棚用薄膜密封1周以上，以杀灭温室大棚内的杂菌和害虫。

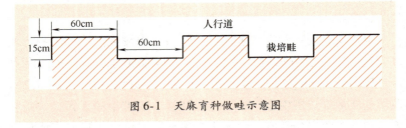

图6-1　天麻育种做畦示意图

三 箭麻的选择

当年12月~第二年3月进行种麻挑选。选择个体健壮、新鲜、无畸形、发育完好、顶芽饱满、无损伤、无病虫为害的箭麻留作种麻。留种箭麻在搬运时要轻拿轻放，防止碰伤顶芽和麻体。母麻个体越大，结的果实越多，种子的质量越好。100g以下小箭麻的坐果率较低；250g以上特大箭麻的品质较好，价格较高，一般不选作种麻，应加工成商品。留作种麻的箭麻一般选择100~250g重的较适宜，这种块茎储藏的营养物质丰富，生命力强，开花多，坐果率高。

【提示】 在种麻选择时特别要注意留种的箭麻一定要经历30～45天5℃左右的低温处理。若不经低温处理，箭麻不能打破生理低温休眠，将不抽薹，即使抽薹，开花也少，果实小。

四 种麻栽种的时间与方法

1. 栽种时间

种麻栽植期应根据当地气候条件而定。当年秦岭以南地区，一般冬季地下5.0cm处的地温不低于0℃时，在11月～第二年1月进行冬栽，即在冬季收获时将选好的箭麻立即栽入温室；也可将种麻妥善储存在室内，至第二年春季栽种。秦岭以北较寒冷的地区，冬季地下5.0cm处的地温低于0℃时，为防止箭麻受冻，不宜冬栽，应将冬季收获的箭麻储存在地窖内，早春2～3月再栽植于温室。

2. 栽种方法

定植时，先将箭麻在多菌灵200倍液中浸泡1～2min进行消毒，捞出稍沥干明水后，将其顶芽一侧靠近畦边，平放，芽朝上，株间距15cm左右，覆上厚5cm左右的栽培基质（图6-2）。栽培基质最好选用生土、沙壤土或河沙，要求干净无污染、疏松无石块，避免损伤母麻，影响花茎出土。定植完成后，浇水使畦内土壤的含水量保持在40%～50%。

五 定植后的管理

1. 防冻

冬栽的箭麻，应加厚覆盖土层，并用稻草或树叶等覆盖，防止冻害。春季解冻后，应揭去稻草和加厚的盖土，露出原盖土，保证盖土层厚4～6cm即可。

2. 加温

加温时间可根据播种的时间来决定。一般加温在播种前30～

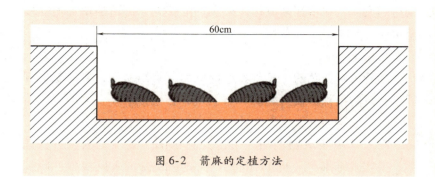

图 6-2　箭麻的定植方法

50 天进行。温室内加温温度保持在 18 ~ 25℃，不宜过高或过低，以维持箭麻抽薹开花所需的温度。早晚打开和关闭通风窗，以调节温室内的温度。若温室内的气温长时间超过 28℃，可在中午揭起部分棚顶和四周覆盖的塑料膜通风降温，同时在棚顶盖一层遮阳网进行遮阴防晒。若安装换气扇，温室内降温更快。

3. 保湿

温室内要经常浇水，保持畦内土壤湿润但不积水。土壤的相对湿度保持在 50% 左右。母麻抽薹开花需要较多水分，温室内需要经常喷水或采用加湿器，使温室内空气的相对湿度保持在 70% ~ 80% 。

【提示】 不可喷洒刚授过粉的花蕾，否则可能导致授粉失败而无法得到种子。温室大棚内的湿度也不宜过大，防止箭麻发生芽腐病。

4. 控光

天麻的花茎（花薹）最怕阳光的直射。照射后会使受光面的茎秆变黑，下雨后倒伏，并且强烈的直射光会使花穗（朵）严重失水，影响授粉结实。温室育种时，在箭麻出土前应在温室顶部覆盖 1 ~ 2 层遮阳网遮阴，保持抽薹的箭麻仅接触到少量散射光。

授粉结束后，花茎逐渐成熟，果实逐渐膨大，可适当增加透光度至40% ~ 50%。

5. 防倒防折

随着天麻花茎的生长，其重量增加，易倒易折，要注意插杆固定，以防植株倒伏折断。

6. 通风除湿

在天麻果实成熟前后，由于温室郁闭，湿度过大，会使花茎、果实发霉腐烂。此时应打开温室通风窗，通风换气，降低湿度。

7. 防病虫害

天麻开花期时的气温较高，加之棚内湿度较大，易发生各种病虫害，应定期通风通气，并用多菌灵等农药兑水喷洒于棚内。另外，天麻开花时易生蚜虫、介壳虫等害虫，在温室内挂防虫板防虫或喷洒克蚜威等农药防虫。

8. 摘顶

当天麻顶端花序展开但未开放时，应连同花茎一起摘掉顶部的4 ~ 6朵花蕾，去除顶端优势后，可减少母麻的养分消耗，利于中下部果实的发育和成熟，并提高其饱满度和种子的产量。

六 授粉

1. 花朵结构

温室育种时，天麻花茎一般在3月中旬 ~ 4月上旬出土，生长到一定高度时，花序自下而上陆续开放，最下部花蕾最先开放，花期为7 ~ 8天。而在高海拔寒冷山区，花茎出土和开花时间稍晚，花期也会延长至半个月左右。花粉位于合蕊柱顶部，浅黄色，由花药帽盖罩着。雌蕊柱头位于合蕊柱基部，该部位有黏液可粘住花粉使之与柱头紧密结合。当花粉块膨胀，将花药帽稍微顶起，边缘微现黄色花粉，说明花粉已经成熟。

2. 授粉时间

天麻开花后采用人工授粉。人工授粉时间应在开花前 1 天或开花后 3 天内完成，过早或过迟都会影响蒴果和种子的发育。授粉时间最好在每天 10：00 以前或 16：00 以后进行。

> **【注意】** 天麻开花后每天都需要及时授粉，授粉过早则花粉还未成熟，过迟则花粉已松散老化，都会大大降低结实率。同一天的不同时间授粉，其坐果率也不完全相同，早、晚授粉的坐果率较高，中午授粉的坐果率较低。

3. 授粉工具

为方便人工授粉，最好选择尖嘴镊子，用其授粉时花粉粒不易掉落；也可用竹签或牙签代替尖嘴镊子进行授粉。另外，由于室内遮阴，光线不足，进行人工授粉时最好戴小型头灯，以利于观察花朵，准确完成授粉。

4. 授粉技巧

授粉时左手轻轻握住花序，拇指和食指捏住花朵基部，右手持尖嘴镊子（或竹签）将天麻花朵的唇瓣下压或直接夹掉，然后轻轻夹住花药帽，可连同花粉一起带出，将装有花粉的花药帽扣在花朵里面基部的雌蕊柱头上，使花粉和黏液黏合，再把花药帽移走，即完成授粉。根据所需要的天麻种源，可采用同株同花授粉、同株异花授粉和不同品种间的异株异花授粉。

七 采收

天麻花朵授粉以后，花被逐渐萎缩，子房迅速膨大。而未授粉的花朵，花凋谢以后子房略有膨大，但果实内的种子不具有种胚。天麻授粉完成后 16～25 天果实成熟。低海拔地区温度较高，果实成熟时间短；高海拔地区温度低，果实成熟时间稍长。当下部果色渐深暗，纵缝线日益明显，表示蒴果即将成熟。天麻果实是从果穗下部向上部陆续成熟的。当果壳上 6 条纵缝线突起，但未开裂，手捏果实发软，即为种子的最佳采收期。若不能识别，可将果实掰开，若里面的种子为灰褐色，并且能自由散开，表明种子已经成熟，可以采收。采收种子时，可将开裂蒴果邻近的 3～5 个尚未开裂的果实一同剪下（因这些即将开裂的果实中种子也具有较高的发芽率），装入纸袋或信封，带回室内摊晾。带回室内的果实完全开裂后，抖出种子，要及时播种，不宜久存。每天进行检查，分期分批收获。

【提示】 天麻种子一定要适时采收。采收过早，天麻种子没有成熟，发芽率低；采收过晚，天麻蒴果纵缝线会大量开裂，种子便由此逸出，随风散落。

八 种子的储存

种子采收后，一般应立即播种，不宜长期储存。常温下放置 1 周，天麻种子的发芽率将大幅降低。低温保存可以适当延长种子的保存期。若不能及时播种，应将采收的蒴果用纸包好，存放到冰箱中并保持温度为 3～5℃，可以保存 1～2 个月。

【注意】 低温保存时，种子带果壳一起保存较好，不要取出保存，取出后易干燥且失去活性。另外，种子保存时，温度不能低于 2℃，否则会冻伤种子。

第二节 室内育种

一 培育室的选择

培养室要求有窗，室内空气流通，并配备光照、温度和湿度调控装置，以维持育种所需的环境条件。定植前 1 周，要对育种室进行卫生清理和场地消毒。

室内繁育种子可就地取材，箭麻的定植可选择畦栽、盆栽或箱栽等方法（图6-3）。

图6-3　箭麻的定植方式

1. 畦栽

需用砖块或木板做畦，畦宽60cm，两畦间隔也为60cm，以便人行、观察及授粉操作。畦长可根据培育室的大小而定。畦深以15cm为宜。

2. 盆栽

使用花盆或塑料盆，每放2行定植盆就留一条人行道，以便观察和授粉。根据盆的大小栽种一定数量的母麻。

3. 箱栽

可以使用泡沫箱、塑料筐来定植箭麻。根据箱子的大小确定箭麻的数量。株距为15cm左右。

三　箭麻定植的时间及方法

1. 定植时间

箭麻的室内定植最好在3~4月进行，高寒地区在4~5月进行。若在冬季已经采挖选种，则必须用沙子将箭麻埋藏起来，

第六章　天麻种子高效生产技术

放到室内越冬，保持一定的土壤湿度，不宜过湿，以免腐烂。到春季回暖时，将保存的箭麻取出，定植于栽培容器内。

【提示】 种麻室内保存方法：在地上铺细沙（或生土）5～10cm，摆上种麻，间隔1～2cm，一层沙一层种麻，中间沙厚1～2cm，共放3～4层，表层覆沙10cm左右。保持室内温度在0～5℃，储存时间不宜超过2个月。

2.定植方法

（1）盆（箱）栽 先在盆（箱）底覆土10cm，再将种麻按间距3～4cm（2～3指宽）、顶芽垂直向上定植于盆内，覆土5～8cm。

（2）畦栽 2～4月做畦定植，按宽50～60cm、长任意做畦，两畦中间留50～60cm的人行道；种植时顶芽垂直向上，定植于靠近人行道的一侧，种麻株距为10cm，行距为15～20cm，覆土或沙5～8cm。

栽培基质最好选用生土、沙壤土或河沙，要求干净无污染、疏松无石块，避免损伤母麻，影响花茎出土。定植完成后，浇水使盆内或畦内土壤的含水量保持在40%～50%。

【提示】 种麻在运输过程中要防风、防晒、防发热、防冻、防雨淋。

四 定植后的管理

1.防止倒伏

在定植盆（筐）或畦的四周搭建木架，防止天麻茎秆倒伏。

2.温度和湿度的调控

育种室中空气的温度应保持在18～22℃。空气的相对湿度应为70%～80%，过干则影响抽薹，过湿则易使种麻腐烂，花茎易受真菌感染。天麻抽薹需要部分散射光，忌强光照射。

3. 光照控制

室内安置一批白炽灯，以补充室内光照。

4. 病虫害防治

同温室育种的病虫害防治方法。

5. 疏花疏果

种麻开花授粉期间需要疏花疏果，底部 1～2 朵花宜摘除，保障种子的种性。距离顶部 3～5 朵花的位置应去顶，减少种麻的营养消耗，蒴果比较弱小的需要摘除。

五　人工授粉和种子采收

人工授粉和种子采收的方法同温室育种。

———第七章———
天麻种苗高效生产技术

天麻的繁殖方式分为有性繁殖和无性繁殖两种。天麻的有性繁殖是用天麻种子进行繁殖的方法，在有性繁殖中需要种子、萌发菌和蜜环菌。天麻的无性繁殖是指以营养器官，即白麻或米麻为繁殖材料的栽培方法，是在没有特殊分化的两性细胞和性器官参与下完成的。在无性繁殖中需要白麻或米麻和蜜环菌。天麻种苗的有性繁殖和无性繁殖是贯穿天麻生产的连贯环节。有性繁殖技术能够避免天麻种源的退化，无性繁殖技术则加快了天麻种苗的繁育进程，集约化育苗具有更加节省土地、方便管理和提高成活率的优点。

第一节　天麻种苗的繁育方法

当前天麻种苗繁育的方法多样，概括起来主要包括以下几种方法：

一　坑（穴）播

坑（穴）播是指开挖 20～40cm 深的育苗坑进行种子播种育苗的方法。一般在低海拔山区较干燥的天麻产区开挖 30～50cm 的深坑，既易于控制温度和湿度，也省工省料、方法简便；温度、湿度适中的中海拔山区的天麻产区开挖 20～30cm 的半坑。育苗坑的大小根据地形、地势和方便农事操作来调整，一般长 60～100cm、宽40～60cm。目前，在我国云南昭通天麻产区，大量采用林下坑播的方法进行天麻种子育苗（图7-1）。

图7-1　云南昭通坑播法种子育苗

二　畦播

畦播是指不挖坑，在平地上起畦进行天麻种子播种育苗的方法。此方法适合温度低、湿度大的高山地区，或者降水量大的丘陵地区配合地膜覆盖等农艺措施进行天麻种子育苗。一般育苗畦高20～30cm、畦宽50～120cm，畦长根据地形决定。目前，在我国湖北、陕西、云南丽江天麻产区，大量采用平地畦播的方法进行天麻种子育苗（图7-2）。

图7-2　湖北、陕西采用的畦播法种子育苗

三 袋（箱）播

袋播是指用大塑料袋进行种子播种育苗的方法。将拌好萌发菌的天麻种子、蜜环菌、菌材和人工配制的沙土一同装入塑料袋，系好袋口，放入集中育苗场地，上面覆盖一层沙土或锯木屑，进行天麻种子育苗。该方法具有操作简便、不受育苗场地限制，以及可以重复育苗等特点。目前，在我国云南昭通天麻产区，采用袋播的方法进行天麻种子育苗也较普遍（图7-3）。也有利用废弃泡沫箱、木箱进行种子播种育苗，其操作流程同袋播。

图7-3　云南昭通采用的袋播法种子育苗

四 温室、大棚育苗

温室、大棚育苗是指用温室、大棚设施，控制光照、水分和温度，配制营养土或基质，进行天麻种子播种育苗的方法。该方法具有环境条件可控、种子发芽率高、提早种子播种期和延长白麻生长发育周期的优点，可大幅缩短天麻种子的育苗时间。目前，我国部分天麻产区已采用温室、大棚设施进行天麻种子育苗（图7-4）。

图 7-4　云南昭通、北京采用的大棚育苗

第二节　天麻种苗繁育的准备工作

一　场地的选择

天麻种子除发芽需要萌发菌提供营养外，也同样需要适宜的水、气、热 3 个要素。在适宜发展天麻的产区选择种子育苗场地，要求所选地块土壤干净，杂菌较少，并根据实际情况，建设种子育苗所需的温度、湿度及光照等调控设施。

二　场地的准备

播前应去掉播种场地的杂草和石块，坡陡的地方应做成小梯田。若采用菌材拌播的方法，为了防止土壤湿度散失，应播前挖穴或起床，边挖边播。预先培养好的菌床，也应将开挖菌床与播种同时进行。采用温室、大棚进行育苗，应提前 1 个月对温室大棚进行清理、修补和消毒，一般用石灰和高锰酸钾溶液进行场地消毒。采用袋播时，应提前对放置播种袋的场地进行平整，并且四周挖好排水沟。天麻种子发芽和幼嫩的原球茎对干旱的环境条件更加敏感，因此，育苗场地应配备浇水设施和水源。

第七章　天麻种苗高效生产技术

三 材料的准备

1. 萌发菌

根据播种量准备萌发菌栽培种，一般每平方米需要 2 袋萌发菌栽培种。

2. 蜜环菌

根据播种量准备蜜环菌栽培种，一般每平方米需要 4 瓶蜜环菌栽培种。

3. 天麻种子

根据播种量，准备好刚采收或冷藏保存的天麻蒴果，一般每平方米播种 12~15 个天麻蒴果。

4. 树叶

播种前，收集壳斗科植物的树叶来辅助天麻播种。如果采集的是潮湿树叶，可直接在天麻种子播种时使用；如果采集的是干树叶，则需要在天麻种子播种前提前在水中浸泡润透，再捞出备用。一般每平方米需要 2kg 干树叶。

5. 树枝

细碎的新鲜树枝是萌发菌和蜜环菌喜欢侵染的培养物质。播种天麻种子时应大量收集阔叶树的新鲜树枝，用铡刀切成小段撒入播种穴或畦中，提高天麻种子发芽率和原球茎的接菌率。播种前，将直径较小的树枝铡成小段，截面为斜面，以增大接菌面积，有利于菌材快速接菌。一般每平方米需要 3kg 新鲜小树枝。

6. 菌材或菌棒

根据培育方式，将菌材截成长短合适的木段，较粗的菌材可以劈成两半使用。新鲜菌材播种前在 0.2% 硝酸铵溶液中浸泡 20min 左右，捞出晾干。干菌棒播种前用水浸泡 24h 左右，用时沥干明水。一般每平方米需新鲜菌材 40~50kg。提前培养好的菌棒可以直接使用。

7. 沙、锯木屑等培养料

采用温室、大棚育苗或袋（箱）播时，一般采用细沙和锯木屑（2~3）:1拌成培养料或用干净的沙土进行育苗。

8. 播种用具

常见的播种用具有拌种盆、锄头、铁铲、镰刀、竹筐和播种袋等。

四 菌材及菌床的准备

预先培养的菌材与菌床都可用来伴播天麻种子，但播前应检查一次。如果是用大坑培养的菌材，应每坑检查。如果是提前培养的菌床，则应抽查一部分。选择培养时间短、菌索幼嫩、生长旺盛、菌丝已侵入木段皮层内，尤其是无杂菌感染的菌材、菌床播种天麻种子。

第三节　天麻种子的播种技术

一 播种期的选择

田间播种受自然气候条件影响很大，不同地区的播种期不同，主要受田间温度的影响，而温度的高低又因海拔高度的不同而有差异。若在温室培育种子，播种期可提前在4月~5月下旬。不同类型的天麻也有差别，如乌天麻较红天麻晚播种1个月左右。天麻种子在15~28℃之间都可发芽。因此，播种期越早，萌发后的原球茎的生长期就越长，接蜜环菌的概率和天麻产量也就越高。因此，提早播种也是天麻增产的一个关键问题。天麻种子于4~9月都可播种，播种期主要决定于天麻种子的收获期。采用温室培育种子，则可提早收获提早播种。天麻果穗上、中、下部的果实成熟期不是一致的，一般5~10天全株种子可采摘完毕。天麻种子分批采收，播种也应分批进行，做到随收随播。短期播不完的应在冰箱中3~5℃的低温下储藏，否则会很快降低天

麻种子的发芽率。

二 播种量

一般 50cm×60cm 的播种坑，播 3～4 个蒴果，种子脱粒后播 0.3～0.4g。

三 播种深度

播种坑（畦）一般深（高）25cm 左右，播 2 层，顶部覆土 10cm，但不同地区和不同气候条件下，播种深度有差异。在秦岭以南、四川、湖北、安徽、河南等海拔 1000～1200m 的山区，盖 10cm 的覆土层，冬季可自然越冬。而南方的高山地区和东北地区，温度低、生长季节短，应降低播种坑的深度和播种层次，减薄盖土厚度，更好地利用阳光，提高地温，所以，一般坑深 15cm，播一层，覆土 7～8cm。如果冬季不采收，则冬季还应加厚盖土层，采用树叶覆盖或薄膜覆盖等保温措施，保证种苗越冬不受冻害。

四 播种方法

1. 下播式

天麻种子播种，一般采用下播式。在播种坑（畦、袋）底部薄薄铺放一层树叶，将拌好天麻种子的萌发菌掰成小块，均匀摆放在树叶上，并在萌发菌上平行或回字形摆放一层砍过鱼鳞口的新鲜菌材或菌棒，菌材间距 4～6cm，在菌材间铺放一层切段的新鲜小树枝，在菌材（菌棒）两端及鱼鳞口处摆放蜜环菌栽培种，然后回填一层土或培养料盖好菌材，稍压实；依上述方法播种第二层天麻种子，在第二层菌材上覆盖顶土或培养料 7～10cm，稍压实即可。

> 【提示】 菌材上覆土后，要用脚或锄头将土压实，以利于菌材和树叶间紧密接触，促进天麻种子萌发后原球茎尽早接种上蜜环菌，提高原球茎的接菌率和麻种的产量。

2. 上播式

在雨水过多、湿度较大地区，或者高海拔的低温地区，可以采用上播式播种一层天麻种子，以提高天麻种子的发芽率，促进天麻种苗生长。将播种穴（畦）底部整平，穴底挖松土层约2cm，铺放一层砍过鱼鳞口的菌材或菌棒，菌材间距2~3cm，用土将菌材的间隙填实，在菌材两端及鱼鳞口处摆放蜜环菌栽培种，然后在菌材上薄薄铺放一层树叶，并将拌好天麻种子的萌发菌掰成小块，均匀摆放在树叶上，然后在萌发菌上均匀撒铺一层切段的新鲜小树枝，厚度为3cm左右，在小树枝中摆放少量蜜环菌栽培种，最后回填一层土，厚度为7~8cm，用锄头或脚将覆土稍压实。也可提前开挖好播种穴（畦），并培养成单层菌材的固定菌床。播种时，将培养的菌床表土扒开，露出菌材，再薄薄铺放一层树叶，树叶上均匀摆放拌好天麻种子的萌发菌，再铺放一层切段的新鲜小树枝，厚度为3cm左右，在小树枝中摆放少量蜜环菌栽培种，最后回填表土，厚度为7~8cm，用锄头或脚将覆土稍压实。在云南昭通天麻产区，海拔高、气温低、土壤湿度较大，多采用此方法进行天麻种子的播种，以保证天麻种子的萌发率和成苗率。

 【注意】 菌材和底土间不留空隙，用土填实，并用土填好菌材之间的空隙，防止底部的空隙生长杂菌。

五 播种流程

1. 坑播和畦播

（1）拌种 按3~4个天麻蒴果（0.3~0.5g种子）拌播1袋萌发菌栽培种（可播0.3~0.4m²）。先将萌发菌栽培种（500cm³/袋）撕成单片树叶或撕碎，放入拌种盆内，然后将天麻蒴果撕开，抖出里面种子，均匀撒在萌发菌菌叶上，拌匀。将拌好种子的萌发菌菌叶用塑料袋装起来，扎好袋口，放在阴凉处发

菌 1～2 天，待菌块（叶）上长出一层白毛状的气生菌丝，并把种子完全包住再播种。这样，天麻种子与萌发菌结合后的萌发率高、生长快。

【提示】 装好萌发菌的塑料袋间不要挤压和堆放发热，放在背风阴凉处，不要见光，温度为 15～25℃。

（2）开挖播种坑（畦） 在播种前 2～3 天准备好播种坑（畦），并做好播种地块的田间卫生和消毒灭菌。

（3）菌材和树枝的准备 在播种前 1～2 天准备好菌材（菌棒）和新鲜树枝。将直径为 5～10cm 的新鲜菌材锯成长 15～30cm 的节段，并砍好鱼鳞口。若菌材直径超过 10cm，可劈成两半。砍好鱼鳞口的菌材，可先在 0.2%～0.3% 硝酸铵溶液中浸泡 20min，捞出晾干备用。将 1～3cm 粗的阔叶树树枝砍成 4～5cm 的短段备用。

（4）树叶的准备 将壳斗科树种（青冈、板栗等）的干树叶于播种的前一天浸泡半天，捞出备用。

（5）菌床铺放 按照上述播种方法（下播式或上播式）进行播种。播种完，播种坑（畦）顶土覆盖成中间高且四周（两边）低的馒头形，并在顶土上覆盖一层树叶。

2. 袋（箱）播

（1）拌种 同上。

（2）配制培养料 选用粗沙土和阔叶树锯木屑制作培养料，按体积1:（2～3）的比例充分混合均匀，浇水至含水量达 40%～60%，以手紧握培养土有水渗出为宜。

（3）菌材和树枝准备 在播种前 1～2 天准备好菌材和树枝。将直径为 5～10cm 的新鲜菌材锯成长 10～13cm 的短段，并砍好鱼鳞口。若菌材直径超过 10cm，可劈成两半。砍好鱼鳞口的菌材，可先在 0.2%～0.3% 硝酸铵溶液中浸泡 20min，捞出晾干备用。将1~3cm粗的阔叶树树枝砍成4~5cm的短段备用。

（4）树叶的准备 同上。

（5）塑料袋的准备 选用长55cm、宽30cm的塑料袋，并用铁钉在塑料袋底部打孔透气。也可选用废弃的泡沫箱、木箱，使用前用2%高锰酸钾溶液进行消毒。

（6）播种 先在塑料袋（箱）底部覆一层培养料压紧袋（箱）底，厚3~5cm；在培养料上先薄薄撒一层新树叶，将拌好种子的萌发菌掰成小块，均匀摆放在树叶上，块与块间的距离为2~3cm；在萌发菌上平铺一层菌材，间隙处可选择放置新鲜树枝，菌材两端和中间接种1~2段（块）蜜环菌栽培种（每袋菌种量为1/2瓶，500cm³/瓶）；在菌材上覆盖培养料4~5cm，稍压实；再按上述方法播种第二层。第二层操作结束时将塑料袋口系好，并依次将塑料袋摆放至育苗地，并在顶部盖土3~5cm。若是木箱或泡沫箱，将木箱摆放至育苗地，在木箱上覆盖一层草帘保湿。

3. 温室、大棚播种

温室、大棚播种时，如果采用畦式播种，参考畦播法；如果采用袋播或箱播，参考袋（箱）播法。

六 播种后的管理

1. 温度调控

冬季土壤温度低于0℃，在菌床表面加盖落叶和塑料薄膜或加厚覆土层以保暖；夏季土壤温度高于30℃，在菌床表面覆盖树叶或杂草降温。

【提示】 入秋后，外界环境温度逐步降低，在菌床上覆盖一层塑料薄膜（注意高温时应揭开透气），可以提高和保持土温，延长种苗的生长期，从而显著提高种苗的个头和产量，缩短育苗周期。

2. 水分管理

播种时，要求菌床土壤的含水量为 50% ~ 60%。种子发芽后，播种菌床应经常保持湿润，含水量一般为 40% ~ 60%。雨季及时检查并清理积水或撤掉菌床表面土壤上的覆盖物，增加透气性；夏季土壤干旱，适当浇水保持土壤湿润。

 【注意】 天麻萌发菌的生长对土壤或培养料的湿度要求较高。土壤湿度过大、不透气，容易导致萌发菌死亡；土壤过干，水分不够，会抑制萌发菌生长。以上两种情况均影响天麻种子的发芽率和成苗率。

3. 建栏防护

在人、畜容易到达的种植区域，应建防护栏，严禁人、畜践踏。

4. 病虫害防治

种苗主要注意杂菌感染、虫害、块茎干腐和湿腐病害。平时要及时除去菌床杂草，预防田间病虫害。

第四节　天麻种苗的采挖和运输

一　收获

1. 收获时期

天麻种子育苗的收获期目前存在着两种情况：一是当年播种，第二年春栽时收获，这属于一代麻种。播种期越早则产量越高，播种期较晚则产量较低。二是播种一年半收获，天麻越冬经过一整年的生长发育，产量有较大提高，并有部分箭麻形成，但经过了一次换头，属于第二代麻种。具体的收获期应在天麻的休眠期，此时天麻的含水量降低，块茎表皮颜色加深，由幼嫩的白黄色转变为浅黄色，表皮加厚成熟，白麻与箭麻形态分明，此时为最适宜的收获时期。

2. 收获方法

在自然条件下栽培的天麻最好选择晴天收获，操作方便，天麻不带泥水，品质好，耐储藏。收获时，撤去种植地周围的保护设施，用锄头或铁铲拨去种植坑（畦）表面较多的盖土，再戴手套用手慢慢往下刨，当露出天麻时再用手指细扒，理出天麻着生处，取出大小天麻，去掉黏附的泥土。这样取完一处后再取出菌材继续刨挖天麻，直至取净。用这种繁殖方法产出的箭麻和白麻在穴（畦）中呈放射状的集中丛。米麻呈块状团，有无数个。收获的天麻，运回室内分选。个体较大、顶端有芽的叫箭麻；个体略小，相当于拇指到小指般大小，顶端看不到明显芽的叫白麻；许多细小像黄豆到蚕豆大小的叫米麻。处理时，将箭麻、白麻和米麻分别放置，箭麻准备加工成商品，白麻进一步分级成各级种苗妥善储藏备用，米麻准备进一步培养成白麻和箭麻。

收获后要注意清理栽培场地，对用过的菌材要进行清理，凡菌索生长繁茂、无杂菌的菌棒，可收起备用，用过的老菌棒和培养料要彻底清除干净，以防污染。

3. 麻种分级

收获的白麻要根据麻种的性质和个体的大小进行分级。首先应注意要把一、二代麻种严格分开，分别储藏。一代麻种生长得比较整齐，麻种的个体大小差异不大，主要是注意清除破损霉烂的麻种。二代麻种大小差异较大，要按麻种的大小分级保存。一般分成 3 级：小白麻 5~10g，中白麻 10~20g，大白麻 20~30g。30g 以上白麻直接作为小箭麻加工出售。

二 运输

1. 防碰伤和炼苗

种苗采挖后，用小毛刷轻轻把种苗上的大沙粒刷掉，以防损伤麻体，并将麻种放在室内阳光下晾 1~2 天进行炼苗。麻种若

不经过晾晒，马上装筐，加之里面混有腐烂麻、破损麻，并且有湿木屑填充料，造成框内湿度大、温度高、不通风，将会导致麻种大量腐烂发霉。尤其是外皮碰伤的麻种，造成杂菌感染的机会比较多。

2. 精心包装

最好选用竹筐和木箱包装。木箱板与板之间不要钉得太严，必要时箱底板和侧板钻些通气孔。因为天麻种皮很嫩，一不小心就易碰伤，所以要精心包装。装麻前要检查箱、筐的内侧有无毛刺，有毛刺则要及时除掉，防止扎坏麻种。包装要松紧适度，防止天麻因松动产生摩擦或相互碰撞。装筐时，先在筐的四周垫上1~2层包装纸，在纸上单摆一层天麻，麻上再铺一层纸，再摆天麻，就这样一层纸一层天麻，直至装满，上面盖纸封盖。小麻种应放在上层。用这种包装法托运或随身携带，经过 3~4 天的运输，麻种的完好率在 90% 以上。也可用青苔（苔藓）作为填充物，一层青苔一层麻种（麻种不用晾晒），直至放满筐，做到不松动，运回的麻种完好率在 90% 左右。但这种麻种如果不马上栽培，储存的温度超过 10℃，烂麻比较严重。

3. 防冻

如果麻种从南方一带运往北方等地种植，或从低海拔地区运往高海拔地区种植，要注意防止冻害。例如，在汉中地区，每年的霜降（10 月 24 日）前后起麻，运输到北方目的地要到 10 月末或 11 月初，如果麻筐或箱没有防寒措施，在筐或箱的四周应加铺 5 层厚的包装纸。

4. 防止振动

要轻拿轻放，马车、汽车要运输平稳，防止较大的振动，以防损伤麻种，并尽量缩短运输时间。

5. 透风透气，防晒

在运输途中，麻筐或箱要放在凉爽通风的地方，防止在闷热或太阳暴晒之处久放。

采收的米麻、白麻一般应及时栽种，如果不能及时栽种，应装箱储藏。种苗储藏需要木箱、河沙、锯木屑和储藏窖。10月下旬~11月上旬，先将储藏窖清理干净，随后用硫黄熏蒸1~2h后，麻种可装箱入窖。装箱的方法是先将河沙和锯木屑按3:1混合均匀，相对湿度保持在40%~50%，在箱底铺一层河沙和锯木屑的混合料，铺平，放一层麻种，加入混合料后再放一层麻种，直至装满箱，再在顶部覆盖混合料3.0~5.0cm，并将装好的木箱放入储藏窖。同时也要防止鼠害。

【提示】 储藏窖应清洁干燥，窖内温度控制在3~4℃，并保持恒定，以利于麻种的休眠。要经常注意观察，防止窖内温度变幅太大，不利于天麻的休眠。

第五节 天麻种子育苗的关键

天麻种子繁殖获得高产、稳产，必须使用优良的种子萌发菌、蜜环菌和天麻品种，以及采用高产、稳产的栽培管理技术。

一 提高种子的发芽率

天麻种子发芽率的高低，与种子的成熟度、收获后储藏时间的长短、储藏条件及萌发菌的选择等有着密切的关系。只有发芽后形成的原球茎多，接种蜜环菌的概率才高。下面就提高种子发芽率的几个主要问题的探讨：

1. 掌握好种子适宜的成熟度，随收随播

天麻果实成熟后要马上采收，在自然温度条件下储藏的时间对种子发芽率有极大的影响。果实即将开裂前采收的种子发芽率可达94%，果实开裂当日采收的种子发芽率降低到88.4%，在自

然温室下储藏 3 天的种子发芽率降到 22.3%，储藏 5 天的种子发芽率就降到 12.9%。因此，及时采摘裂果播种，是保证较高发芽率的首要措施。

2. 选择优良萌发菌伴播

选择发芽率高的优良萌发菌株伴播天麻种子，是影响天麻种子发芽率高低的另一个重要因素。种子能否和萌发菌建立营养关系，取决于使用小菇属中的哪一个菌种。侵染上和未被侵染上萌发菌直接影响着天麻种子的萌发。因此，选择发芽率高、原球茎生长快的优良萌发菌种伴播天麻种子，是确保有效提高天麻种子发芽率的关键。

3. 掌握好湿度

播种坑用的树叶一定要湿润。当天用不完的树叶，应喷水淋湿后保存。播种畦、播种坑应保持湿润。播种后 1～2 天，观察播种层的树叶，如果树叶不干，保持湿润为合适；如果树叶干燥，就应浇水。在夏、秋两季雨水过多时，应适当遮雨，并使四周排水通畅，保证积水及时排走。

4. 调整好温度

天麻种子适宜的发芽温度是 22～25℃。如果播种初期温度较低，应加盖稻草等以提高温度。6～7 月播种，此时气温高，一般不必采取保温措施。但如果遇梅雨季节，温度低、湿度大，应该及时遮雨。中午温度高时，注意散温。

二 提高接菌率

提高接菌率即提高成活率。天麻种子采用萌发菌伴种后，在播种坑中，种子发芽形成的原球茎数量很多。但这些原球茎必须与蜜环菌建立营养关系后才能正常生长发育。原球茎阶段是天麻生命周期中最关键的阶段，它能否成活除受自然条件（如干旱、高温、虫害等）影响外，关键在于能否接上蜜环菌。而接菌率的高低主要取决于原球茎和分化的营养繁殖茎的大小，以及蜜环菌的长势。试验证明，使用不同萌发菌种，原球茎的生长速度是不同的。例如，接紫萁小菇播种后 30 天发芽的原球茎有 0.46mm×0.67mm；而同时播种 GSF-8108 号菌株，发芽的原球茎只有0.28mm×0.39mm，几乎是前者的一半。由于紫萁小菇接天麻种子后发芽率比较高，同时生长速度快，原球茎和分化出的营养繁殖茎也长得大，在播种穴中接蜜环菌的概率就高。所以，选择优良种子萌发菌十分重要。原球茎接菌率的高低还取决于蜜环菌生长势的强弱，优良的蜜环菌菌株在菌材上生长出茂密、幼嫩的菌索，生命力旺盛，侵染原球茎及营养繁殖茎的概率就高。原球茎只要能接上蜜环菌，与蜜环菌建立好的共生关系，就可以保证天麻成活。因此，选择优良的蜜环菌株，培养出旺盛的菌枝、菌棒和优质的菌床，是提高播种穴原球茎接菌率的重要条件。

三 提高天麻穴的产量

天麻种子发芽的原球茎能够接上蜜环菌就可保证天麻成活，但天麻产量的高低并不完全取决于原球茎成活率的高低，还决定于天麻的长势，即每穴的产量和不同的收获时间。播种当年的播种穴产量的高低，除了决定于播种穴中接菌率的高低外，还取决于以下 4 个方面：

1. 提早播种期

一般平原和低海拔山区天麻在 6 月播种，而高海拔山区在 7月甚至 8 月初播种。冬季低温到来时间越晚，天麻进入休眠期的时间越长，天麻生长季节也越长，个体越大。如果能采用温室育种，提前至 4 月播种，种子发芽时间早，生长季节长，接蜜环菌后当年可长到手指大小，同时，接菌时间长也可以使更多的原球茎与蜜环菌建立营养关系。因此，提早播种不仅对当年白麻、米麻单株的平均重量有好处，同时对提高播种坑中白麻、米麻的数量也有很好的效果。所以，采用温室育种提早播种，是提高当年产量的重要措施。

2. 提高早期接菌率

原球茎与蜜环菌建立了营养关系，可以保证成活率。但是原球茎接蜜环菌时间的早晚与箭麻、白麻、米麻的大小也有密切关系。原球茎接蜜环菌时间早，生长速度快，个体大，提高了早期接菌率。这时幼麻长得越大，单株的平均重量越高，当年天麻穴的产量也就越高。

3. 选择最适收获时间

播种当年收获，播种穴产量低，几乎没有箭麻。播种后一年半收获，播种穴产量高，箭麻的数量增加，而且单个重量增加。

4. 应加强田间管理

天麻的有性繁殖和无性繁殖在管理上的不同点是，有性繁殖在播种前期需要充足的水分，这样方可提高种子的萌发率及原球茎的生长速度。同时，还应调节好适宜的温度、湿度，加快蜜环菌的生长速度，为天麻提供更丰富的营养。

第六节　天麻米麻的繁育方法

天麻种子育苗过程中，除采挖白麻作为种苗外，还剩下大量的米麻，应集中起来繁育，增加白麻或箭麻的产量。

一　培育菌床

在播种前 3 ~ 5 个月开始培育菌床。采用畦播法培育菌床，在选好的育苗场地（不积水，水源方便）平地起畦，畦宽 100 ~ 120cm，畦长根据地形决定。先将育苗场地进行消毒，然后在地面覆盖 10cm 未种过农作物和天麻的沙土，在沙土上铺放一层大菌材，菌材粗 5 ~ 10cm、长 40 ~ 50cm，菌材间的距离为 5 ~ 8cm，并在菌材旁边铺放一层三级菌种，一般 2 ~ 3 瓶/m²，然后在铺放好菌材和菌种的畦面，铺放一层 4 ~ 5cm 长的新鲜小树枝和树叶，厚度 1 ~ 3cm，最后在铺放好小树枝的畦面上覆盖一层沙土，厚度为 10～15cm，干旱地区再浇一遍透水，便可进行菌床培育。光照过强的地区应在畦面铺放一层秸秆或建立荫棚进行保湿遮阴，以防光照过强而使育苗床失水过快，导致发菌不好。

二　米麻采收

每年 12 月～第二年 3 月为天麻有性繁殖种苗采挖定植的季节，将从种子育苗床采挖白麻和箭麻后剩下的小米麻和小白麻集中收集起来。

三　播种

将提前培育的菌床的表层土扒开，露出培育好的菌材，将采收的米麻均匀地撒播在菌材表面，一般每平方米撒播米麻和小白麻 1～2kg，然后在铺放好米麻的菌床上铺放一层干青冈树叶，厚度为 1～2cm，再在树叶上铺放一层 4～6cm 粗的新菌材，新菌材铺放在下层两根老菌材的间隙之间，并根据老菌材的发菌情况，适当补充一些蜜环菌三级菌种。然后，用新沙土将播种好米麻的育苗床覆盖起来，沙土的覆盖厚度为 10～15cm。若当地干旱，覆盖沙土可适当增厚；若雨水过多，可适当盖薄。最后，在育苗床上覆盖一层蕨草、松毛或玉米秸秆，以利于保温和保湿。

四　播后管理

如果播种后天气干燥或雨季来得较迟，应适当补水，以防旱。同时，也可在育苗床上盖草 10cm 或铺设好遮阳网，以利于遮阴蔽日，降低地温，并保证土壤湿度。在半山区，天麻育苗床可建在半阴半阳坡，避免阳光长时间直射。夏季，要特别注意排水防涝，并用薄膜间断性遮雨。若天麻育苗床被水浸泡，天麻很容易腐烂。5～9 月天麻管理通道或育苗床畦面的草长到 15～20cm 时，应及时砍草。严寒季节，在经常下雪、结冰或有冻雨的高寒山区，在"霜降"节令来临前夕，可在育苗床上加盖一层薄膜，并用沙土压严薄膜四周，防止天麻冻害，"倒春寒"过后即可收走薄膜。冷凉高寒山区，育苗床可建在阳坡，并盖草 3cm 左右，以利于吸热，增加积温。

五　采收

种植当年 12 月 ~ 第二年 3 月，天麻采挖和定植季节，将育苗床表土和表层菌材扒开，即可采挖长大的白麻和部分箭麻，将采挖的白麻分好级作为种苗，将长大的箭麻直接采收加工成商品麻。

——第八章——
商品天麻高效生产技术

无性繁殖是指用天麻的营养器官即块茎做种进行繁殖，也称营养繁殖，主要是用天麻的初生块茎，即白麻、米麻做种，栽培繁殖新的天麻块茎个体；也可以用次生块茎，即箭麻做种，用刀削去混合芽后进行栽培繁殖。由于无性繁殖是从亲本某一生长发育阶段开始的，无须经过从种子到种子的生长发育过程，因此，生长期短，从栽种到收获一般为 7～11 个月，见效较快。天麻有性繁殖产生的后代，通过无性繁殖的方法扩大种植，便生产出商品天麻。

第一节　商品天麻常用的栽培模式

当前商品天麻种植方式多样，概括起来主要包括以下几种模式：

一　坑（穴）栽

坑（穴）栽是指开挖 20～40cm 深的栽培坑，每坑放置 5～10 根菌棒，栽种天麻 1～2 层。坑栽的优点是不受地形、地势限制，费用小；缺点是易受冻害，生长期短。坑栽适合山区开展林下仿野生种植，生产的天麻质量较好，在全国各大天麻产区被广泛使用（图 8-1）。一般在低海拔山区较干燥的天麻产区挖 30～50cm 下凹的深坑，既易于控制温度和湿度，也省工省料、方法简便。温度、湿度适中的天麻产区开挖 20～30cm 上凸的半坑。温度低、湿度大的高海拔山区则选择阳坡，不挖坑，直接在地面堆土起窝，配合地膜、树叶覆盖（保温防雨措施）来进行栽培。

图 8-1　天麻林下坑栽

二　畦栽

畦播是指不挖坑，在平地上起畦进行天麻种植。畦栽适合较大、较平整、坡度不大的地块。整地后做畦，若栽一层天麻，畦深 18～25cm；若栽两层麻，畦深 25～30cm。畦宽 60～120cm，长度依地形而定，一般不超过 6m。两畦间隔 10～15cm 厚的土层，作业道宽 35cm。畦底平铺 2～3cm 厚的沙壤土或含粗沙的腐叶土，以利于渗水。菌棒平放，间距为 5～7cm，菌棒两侧摆放麻种，覆土 5cm 厚，如果用上述方法摆第二层，应覆土 10～15cm，压实。畦面加盖一层枯枝落叶，以利于保温、保湿（图 8-2）。

三　箱栽

用木箱栽培天麻的方法称为箱栽（图 8-3）。此方法便于管理，可以工厂化经营。在一些气温高或气温低，不适宜种天麻的地区，可以利用室内、防空洞、坑道和温室等条件，采用木箱进行栽培。可以利用旧包装箱，或者制成长 60cm、宽 40cm、高 30cm 的木箱，透气和渗水性能好。栽麻时先在箱底铺放 5cm 厚的沙土，然后摆上菌棒。先在中央摆放一根 8～10cm 粗的长菌

图 8-2 天麻畦栽

棒，然后在两侧垂直于粗菌棒摆放 3～5 根 5～8cm 粗的短菌棒，菌棒间距 3～5cm。在菌棒端部和两侧种上天麻种苗，然后覆土3～4cm，压紧，再如第一层摆放菌棒和麻种。最后，覆上沙土至与箱面齐平。在冬季 11～12 月进行箱栽时，栽后可放在室外，当气温下降至 5℃时，把箱移至室内，保持 4～5℃室温，持续 2个月左右，使其度过休眠期。第二年春天 4～5 月可以将箱移至室外，为了保温，箱上可覆盖塑料薄膜。夏季气温高，也不利于天麻生长，可搭荫棚，防止阳光直射。若气温高，可喷水降温。若在防空洞种植，气温较稳定，但天麻栽种后要有一段低温期，才能使其正常度过休眠期。

图 8-3　天麻箱栽

第二节　商品天麻田间高效栽培

一　栽培场地的选择

栽培天麻的场地适当与否，与天麻栽种后生长的好坏及产量的高低有很大关系。场地选得适当，就能给蜜环菌和天麻的生长创造良好的自然环境条件，从而获得优质高产的天麻。

1. 地域

我国从东北到西南都有野生天麻分布，由于各地的地理位置和气候条件差异很大，天麻分布随海拔高度的不同而变化较大。高海拔山区，温度低于适宜天麻及蜜环菌正常生长繁殖所需要的限度，则天麻生长较慢，产量较低。天麻喜凉爽、潮湿的环境，低海拔山区气温高，尤其是夏季高温干旱，温度长期超过30℃，这会抑制蜜环菌和天麻生长。因而，要根据当地地理位置和气候条件，选择合适海拔来栽培天麻。在云南、西藏等省区，天麻适合在海拔1500～2500m的山区栽种；四川、湖北、贵州、安徽等省，天麻适合在海拔1200～1600m的山区栽种；秦岭山区宜选择海拔900～1300m的地区种植；东北长白山区，适宜在海拔400～800m的地区种植。

> 【提示】　在不同海拔的山区，也可通过选择一些小气候条件，适应天麻生长的需要。例如，高海拔山区可选择向阳山坡栽种，低海拔山区可选择阴山坡或有遮阴条件的树林栽培，中海拔山区可选择半阴半阳的山坡栽培。

2. 土壤

土壤对天麻生长有很大的影响，蜜环菌喜湿度较大的环境条件，而天麻喜透气性好的土壤。而且，天麻怕水浸泡，黏性土壤排水不良，雨季很容易积水，并导致天麻腐烂，故宜选沙土或沙壤土培养菌床种植天麻。

【禁忌】 严格选择沙土、沙砾土、沙壤土、腐殖土栽种天麻，禁止选黏性重的死黄泥地栽培。

3. 地块

栽培天麻应选择富含有机质、质地疏松、排水良好、保水力强的山间荒地或林间空地，坡度以小于30°为佳。土壤以沙壤土生荒地为宜。熟地，尤其是菜地不宜栽培天麻，因为熟地微生物含量远高于生荒地，不利于天麻生长。一些开荒种过庄稼又撂荒的二荒地，不适宜培养菌材，但可用来栽培天麻。若因场地限制，可以采用原穴，但要消毒换土。

【提示】 天麻不宜原窝连栽，连栽次数越多则产量越低。连作地应休闲4~5年后再栽培天麻。

【禁忌】 禁止选用菜园地栽培天麻。一是菜园地施肥较多、土壤肥沃、杂菌较多，不利于蜜环菌和天麻生长；二是菜园地中蚯蚓、地老虎、蝼蛄等地下害虫较多，易造成地下病虫害；三是菜园地容易造成天麻重金属和农残污染。

4. 整地

采用固定菌床种植天麻，整地时间是北方为4月上旬~6月上旬，南方为3月上旬~5月中旬。采用移动菌床培养菌棒、菌枝种植天麻，在天麻定植前1~2周整地即可。整地时先砍掉地面过密的杂树便于操作，清除草皮、树根、石块，不需要翻挖土壤，便可直接挖坑和做畦栽种。陡坡的地方可稍整理成小梯田或鱼鳞坑。雨水过多的地方，栽培场地不宜过平，应保持一定的坡度，挖好排水沟，有利于排水。陡坡地区做小梯田后，底部稍加挖平，但为了方便排水，也应有一定的斜度。

【禁忌】 禁止毁林种植天麻，应保留种植地块的乔木资源，采用林下仿生种植。

二 栽培时期

选择适宜的栽培时期是获取天麻高产的关键措施之一。从当年11月~第二年4月栽培的天麻产量最高。4月以后，栽培越晚，产量越低。11月以前下种，由于此时的气温较适宜蜜环菌生长，蜜环菌处于长势较旺盛的时期，便可侵入麻种皮层细胞，进行消耗种麻体内营养的活动，而此时由于气温逐渐降低，已不再适宜天麻生长，种麻体内代谢活动逐渐减弱，将进入休眠期，从而使蜜环菌较长时间处于吸收种麻体内营养的生理阶段。种麻失去营养过多，会不利于第二年的生长。

在南方不太寒冷的地区，冬季温度适中，天麻可以正常越冬，在冬、春两季都可栽培。以11~12月冬栽较好，因为，种麻栽培后即可防寒，从而减少储存的麻烦。

在北方严寒地区，由于气温较低，应在秋、冬两季收获后，妥善保管种麻，春季解冻后栽植。由于冬季种麻栽培后易受冻害，因而以春季3~4月栽麻为宜。

【提示】 天麻应在休眠期栽种，进入生长期便不能翻动。在不同地区应根据本地气候条件选择合适的栽培期。

三 种麻选择

选择白麻作为种植商品麻的种麻。白麻重量以10~30g最佳，并且大白麻生产出大箭麻的概率高；但超过30g的大白麻往往是一种退化的表现，不适宜作为种麻，应直接作为商品麻。留作种用的白麻于栽前必须进行严格选择：一是要体形呈纺锤形，芽眼明显；二是色泽正常，黄白色，新鲜且无失水现象（褐色种麻即为退化的一种表现，不宜选用）；三是无机械损伤，在采挖和运输时一定要小心，防止碰伤种麻（种麻损伤后极易感染病菌腐烂，这是引起减产的重要因素之一）；四是无病虫害、无冻害、无腐烂，尤其发现种麻上有介壳虫附着时，不宜留作种用；五是多代无性繁殖的种麻不能选用，以生命力旺盛的有性繁殖1代和2代白麻为最好的繁殖材料，无性繁殖3代后应更新种麻。

【提示】 选有性繁殖后代的白麻留作种用时，白麻以手指大小最佳，色泽浅黄、生长点嫩白，无病虫害、无机械损伤。

四 栽培层次

南方高山区及东北地区，由于温度低，无霜期短，为提高土壤温度，采用坑栽时一般栽种一层，即一层菌材一层天麻；湖北、陕西等大部分产区多栽种两层，即两层菌材和两层天麻，以利于集中管理，提高菌材的利用效率和土地的利用率。栽两层时，遇天旱则下层保湿好，产量高；雨水多时，下层透气不良，上层产量高。在双层穴（畦）内不论天旱、雨水过多都可保丰收。用竹筐或木箱栽培，由于四周透气比较好，可以控制温度和湿度，也可栽多层。

天麻栽培深度与栽培层次相关。栽培层次多必然栽培也深，一般坑（畦）顶覆土10～15cm。高山地区雨水多，空气的相对湿度较大，土壤湿润，温度低，宜浅栽；东北地区为了提高栽培层的温度，也不宜栽深，一般覆土6～10cm，但最好利用塑料薄膜覆盖以保温和保湿，并应经常掀动，以利于透气，晚秋应加强保温措施。

五 种麻摆放

种麻应摆在两菌棒之间，肚脐部紧靠菌棒的菌索，选择菌棒

两头断面和鱼鳞口菌索多的地方摆放种麻。一般在菌棒上，根据种苗的大小和菌棒的粗细，间隔 10～15cm 摆放 1 个种麻，种麻大时摆放距离略大，菌棒粗且菌索发育茂盛时摆放距离可略密；另外，在菌棒两头断面再各摆放 1 个种麻。按此摆放法，一根45cm 长的菌棒一般可摆放 4～5 个种麻。

> 【提示】 菌棒两头种麻生长点向外摆放，菌棒中间种麻略斜向上摆放。

六 栽培方法

1. 菌材伴栽法

菌材伴栽法是先培养好菌材（一般于 7～8 月培养），然后再栽培天麻的方法。其优点是天麻接菌快、接菌率高、产量比较稳定，目前仍在广泛使用。其缺点：一是培养菌材的时间较长，木材已开始变朽，中后期营养供应较差；二是集中培养的菌材很有可能造成污染，一旦被杂菌污染则损失较大；三是菌材移动较大，会损伤一些菌索，伴栽后需要一定时间恢复。

具体栽法：选择质量符合要求的 7～8 月培养的菌材，将其运到栽培现场的坑边或畦边。以每坑放菌材 10 根为例，挖坑深30cm，坑底顺坡向做 10°～15°的斜面。先栽下层，在坑底撒一薄层树叶，将已培养好的菌材顺坡向摆放 5 根。菌材间的距离为3～4cm。菌材排完后，用培养土填充物填于菌材间，埋没菌材至一半时，整平间隙填土，将种麻靠放于菌材两侧的空隙中，每个种麻相距 15cm 左右，菌材的两端也各放 1 个种麻，种麻要紧靠菌材。然后，填土高出菌材 3cm，再撒树叶和树枝及排放菌材，填下种麻栽第二层，最后覆土 10～15cm，再盖一层草或树叶。畦栽采用同样方法。

【**提示**】 树叶和菌枝都是蜜环菌生长喜欢的培养物，培养菌材、菌床及栽培天麻时，应在栽培床中垫一薄层树叶，并将一些幼嫩树枝加在栽培窝中。培养菌床或栽天麻时多加菌枝，既加大了接菌量，减少杂菌感染，同时也可提高天麻的接菌率。

2. 菌材添新材法

菌材添新材法是在菌材伴栽基础上进行改进的一种方法，解决栽种后期营养不足的问题。栽培时，每隔 1 根菌材添加 1 根新鲜木材，种麻靠近老菌材一旁定植，其他操作同菌材伴栽法。用这种方法栽培的坑或畦中，当菌材上的蜜环菌与种麻建立营养关系时，蜜环菌也同时寄生新鲜木材；到原菌材的营养被吸收殆尽时，新材就已能为蜜环菌提供养料，因而能够保证天麻的生长。但用这种方法栽培时，下种初期，由于菌源相对密度减小，侵染天麻的能力不及全用菌材的栽培方式，可能造成种麻不能及时接菌而影响产量。所以，此方法使用的菌材一定要菌索发达，质量可靠。

3. 固定菌床栽培法

固定菌床栽培法是目前推广应用最好的一种方法。在栽种天麻前培养菌材时，要有计划地预先培养菌床，到了栽种天麻季节，揭开菌床上的覆盖物，栽种上天麻种即可。根据当地的气候特点，一般在 5～8 月培养菌床。这种方法的优点在于就地培养菌床，就地栽种天麻。在不搬动和少搬动菌材与周围土壤的情况下栽种天麻，能使天麻很快与蜜环菌建立共生关系，接菌快，接菌率高，栽后 1 个月左右就可接好菌，可为天麻的生长供给丰富的营养。同时，由于分散培养菌床，可防止杂菌污染，还可与农活统筹安排，调节农活的忙闲，合理利用时间。其缺点是，要预先占地，培养时间长，增加了管理的时间。

具体栽法：天麻栽培时，挖开预先培养好的菌床，取出上层

第八章 商品天麻高效生产技术

菌材，下层不动。在下层菌材之间用小锄头或小铲挖出一个小洞，放入种麻，种麻间的距离为15cm，填土3~5cm。然后将先取出的菌材放回原来的位置，填好空隙，栽种第二层，盖土10~15cm。也可以用固定菌材加新材法：栽时，把培育好的菌床扒开，取出一半的菌材，用新菌材补充取出的老菌材，栽一坑（畦）；再在老坑（畦）旁边开挖一个新坑（畦），放入取出的一半老菌材，再加入一半新材。有些产区只栽种一层天麻，菌材的培养也只有一层。栽种时只需要把表土扒开，露出菌材，用小锄头或小铲开挖一个孔，定植好种麻，并在种麻边补充2~4个新鲜小树段（粗3~5cm，长5~6cm）作为新菌材，然后填土10~15cm，再盖一层草和树叶。这种方法可以为蜜环菌补充养分，解决栽种后期营养不足的问题。

> **【提示】** 菌床的质量要求有3点：第一，培养时间应短，菌材中营养丰富；第二，蜜环菌生长旺盛、幼嫩；第三，没有杂菌污染。

4. 菌材加菌枝栽培法

在栽培天麻时，在菌材之间3~5cm宽的间隙中再放一排菌枝，可达到补充菌源的目的。栽培方法同菌材伴栽法。

5. 菌种新材栽培法

菌种新材栽培法又称"三下窝"栽培法，即新鲜菌材、蜜环菌菌种和种麻一同下地栽培。这种栽培方法宜在南方冬栽（11~12月）天麻时采用，它不需要先培养菌材，而是在栽种天麻时将新鲜菌材、嫩枝、种麻和蜜环菌菌种同时放入，在天麻休眠期中培养菌材，历经4~5个月，春天到来时，天麻和木材均已接菌，天麻和蜜环菌同时生长。由于未预培菌材，减少了菌材营养的消耗，有利于为天麻生长供给丰富的营养，可获得不错的产量。

具体栽法：11~12月，在选定栽培天麻的地方做畦，畦高

20～30cm，畦宽80～120cm，两畦间留作业道60cm。畦底平铺3～5cm厚的沙土，然后铺上一层1～2cm厚的青冈等阔叶树的树叶；在树叶上横放一层4～8cm粗的青冈或桦木新鲜菌材，菌材根据畦宽砍成30～50cm长，两侧砍好大鱼鳞口，鱼鳞口间距10cm，铺放菌材的间距为4～5cm；再在两根菌材间的空隙上均匀铺放一层粗1～2cm、长4～5cm的青冈或桦木的新鲜嫩枝，在嫩枝上再均匀铺放一批蜜环菌三级菌种，每平方米用4～5瓶。用沙土将大菌材间的嫩枝盖平，再将天麻种麻定植到大菌材的鱼鳞口和两端，种麻脐部紧贴鱼鳞口，并在鱼鳞口处放一大块蜜环菌三级菌种，每平方米用量为3～4瓶，最后覆土10～15cm，再盖一层草或树叶保温和保湿即可。

七 田间管理

在自然条件下常会遇到温度太高或太低、水分过多或过少等不良条件，或者由于病虫危害影响天麻的生长和产量。因此，天麻栽培后必须重视和加强田间管理，这样才能保证有较好的收成。

1. 防冻

天麻对低温的适应性有一定的限度，如果超过了天麻忍耐的低温值，天麻就会遭到冻害。天麻越冬期间在土壤中可忍耐 -5～-3℃的低温，低于-5℃就会受到冻害，导致无收成。遇到寒潮等骤然低温天气，天麻也容易受冻。

南方地区种植天麻，一般情况下不会受到冻害。高山寒冷地区在11～12月栽种天麻，这期间可能出现寒潮及降雪等连续低温天气，如果不及时防冻，下地后的种麻易遭冻害，可使局部组织坏死，甚至导致整个麻体腐烂。因此，在南方高山寒冷地区，要选择阳坡及一些避风的地方栽植，在冬季用稻草或树叶覆盖坑顶或畦面，或者加厚盖土层，到春天地温升高时再揭去覆盖物，可以起到良好的防冻作用。

第八章　商品天麻高效生产技术

北方地区在 3～4 月春栽，常有持续低温和"倒春寒"现象，危害地下麻种。所以，天麻栽后必须加盖薄膜或树叶，保温防冻。平时注意温度变化，加强保温措施，以免造成减产或失收。

2. 防旱

天麻与蜜环菌的生长繁殖都需要土壤有足够的湿度。一般田间土壤的含水量应保持在 40% 左右。久旱，土壤湿度不够，要及时浇水，并盖草保湿。干旱会造成天麻新生麻幼芽大量死亡，尤其在南方早春 1～5 月的春旱和北方夏天 7～8 月的干旱，会对其接菌换头和膨大造成较大影响。浇水的时间应在早、晚进行。

3. 防涝

土壤水分过多，对天麻和蜜环菌的生长会造成危害。由于地形原因不利于排水时，要注意挖好排水沟。当雨季来临，降水量多且持续时间长时，天麻栽培场地四周要及时挖好排水沟，做好排水防涝工作。若栽培场地有一定坡度，挖栽培坑时应顺坡做成斜底，上高下低，菌材也顺坡放置，以利于排水。降水量较多的地区，应挖浅坑或平地起畦栽培，并于雨季在坑（畦）顶部覆盖薄膜，防止雨水对栽培坑和种植畦面的冲刷，保持栽培坑和种植畦的相对干燥。

4. 覆盖

天麻栽种后，应割草或用落叶进行覆盖，以减少水分蒸发，保持土壤湿润，冬季还可防冻，并可抑制杂草生长，防止雨水冲刷造成土壤板结。

5. 控温

北方产区，春季解冻后，当气温高于坑（畦）温时，要及时把盖土去掉一层，以提高坑（畦）温。也可在早春撤去防寒物后，用塑料薄膜覆盖以提高地温。当夏季到来，坑（畦）温升至 25℃ 以上时，必须及时采取降温措施，如搭荫棚、加厚盖土、加厚培养料、加盖树叶和草等，使坑（畦）温降到 25℃ 以下。北方晚秋要增温降湿，如减少隐蔽、增加光照、覆盖地膜等，以延长天麻的生长期。

6. 防止践踏

在天麻种植区域，人、畜容易到达的地方应建防护栏，防止人、畜践踏，并防止山鼠、蚂蚁等害虫为害。

第三节　商品天麻室内高效栽培

室内栽培天麻是一种不同于田间栽培的集约型工厂化的生产方式，可以人为地创造满足天麻生长发育所需要的条件，不受灾害性气候的影响，对病虫害也比较容易防治。室内栽培天麻的方法与田间栽培基本相同，不同的是要进行必要的升温，采用人工浇水保持土壤湿度。

天麻的室内栽培可以利用温室、地下室、防空洞、一般房屋作为栽培场地。地下室、防空洞多位于数米的地下，温度和湿度较为稳定，易于控制。

一　室内栽培天麻应具备的条件

地下室、防空洞内的温度要能比较明显地接受地面温度的影响且有季节性变化；冬季要有 1～2 个月保持 3～5℃ 的低温期，以利于天麻越冬休眠；春季温度回升要及时，能使天麻和蜜环菌迅速进入生长期；夏季温度至少应达 18～20℃，不能超过 25℃，以利于天麻越夏。空气湿度要大，但地面不能积水。天麻和蜜环菌生长均需要新鲜空气，地下室、防空洞内应有通风设备，以调节温度、湿度和空气。培养前要对室内进行彻底清扫和消毒，天麻生长期要保持清洁卫生的环境，以防杂菌感染和病害发生。

二　栽培方法

1. 砖池栽培

在室内用砖堆码成栽培池，池高 30～40cm、宽 100～120cm，

长根据需要而定。在池底要垫 10cm 厚的粗沙以利于排水，然后铺 10cm 厚的腐殖土或培养料（阔叶树的锯木屑加干净的沙子），再按照田间栽培的方法放置菌材和麻种，最后覆盖 10cm 厚的腐殖土或培养料即可。

2. 木箱栽培

用木箱栽培天麻，可以直接放在地面上，也可以把木箱放在木架上一层一层地叠放，充分利用室内空间。为了管理时搬动方便，木箱不宜做得太大，一般箱长 50 ~ 60cm、宽 30 ~ 40cm、高 40cm，箱底应有排水孔。在箱底铺 10cm 厚的粗沙，其上放腐殖土或培养料，再放菌材和麻种，最后覆盖 10cm 厚的腐殖土或培养料即可。

3. 塑料袋栽培法

制作长 40 ~ 50cm、宽 40cm 的聚乙烯塑料袋。栽培天麻时（冬栽或春栽），在塑料袋底层装入 4 ~ 5cm 的培养料（阔叶树的锯木屑加干净的沙子）和小树枝，再横放一层 4 ~ 6 根直径为 5 ~ 6cm、长 12 ~ 15cm 的优质菌材，均匀种上 4 ~ 6 个白麻，铺放一层蜜环菌三级菌种，再覆盖一层培养料，盖好白麻，并种植第二层白麻，最后覆盖 10cm 厚的培养料即可。

第四节　商品天麻箱栽技术

天麻箱栽是用木箱或塑料筐或柳条筐栽培天麻的方法，是一项适宜我国无霜期短、气温低的北方栽培天麻的技术，有别于南方栽培的技术特点。天麻箱栽能利用室内、室外有利于天麻生长的环境条件，如春天到来气温回升后，室外适宜天麻生长时，可将箱栽天麻从室内移到室外；当秋季气温降低影响天麻生长时，又可将箱栽天麻移到室内，从而延长天麻的生长时间，有利于提高产量。

一 培养箱的制作

为了方便管理和搬动，一般培养箱长 50～60cm、宽 40～50cm、高 30～40cm。培养箱一般用阔叶树木板制作，同时在箱底钻直径为 1～2cm 的圆孔 4～6 个，以利于渗水；也可利用旧包装箱、塑料筐、竹筐、柳条筐等做培养箱，内衬选用席片、草帘等即可；也可用角铁焊接成 4 层架，这样的工厂化立体栽培天麻，可节省面积，便于集中管理，更显空中立体农业效应。

二 栽种时期

天麻箱栽最适期为 11～12 月。

三 培养料的配制

一般用阔叶树的锯木屑加干净的沙子，按体积比为 3:1 或 5:2 均匀混合而成。也可用腐叶土加沙或稻壳加沙，比例为 2:1 来配制培养料。

四 准备菌材

以青冈、榛木、板栗、桦树等杂木作为菌材，直径为 4cm 左右，锯成长 20～25cm 的短棒，每根棒两边各砍 3～4 个斜口（鱼鳞口），并各卡进 3～4 粒树枝菌种或固体菌种；直径超过 8cm 以上的木棒，要一劈两半；同时，准备一批 1～2cm 粗、4～5cm 长的新鲜小树枝。

五 装箱程序

箱底放 5cm 左右厚度的培养料，摆一层短棒，鱼鳞口朝上，菌棒间的距离为 2cm，用小树枝将菌棒间的间隙填满，并放入蜜环菌三级菌种，然后用培养料填棒间缝隙；随便浇点水，再在大菌棒鱼鳞口处放置 1 个白麻，菌种间距 6cm 左右，撒一薄层树叶盖住麻种，再撒一层 4～5cm 厚的培养料；如上法栽种第 2～3 层麻种，最后在箱表层覆盖 5～10cm 厚的培养料至与箱面平齐即

可，并喷水至沙层湿透，栽培即完成。

六 培养箱温湿度管理

1. 水分控管

每箱上面2cm厚的培养料就是水分观测点。若2cm厚的培养料干了，用手捏住自来水管的出水口，箱与箱之间的砖块隔着的空间就是喷水孔，直接喷进去，用喷雾器也行，将箱身周围也喷湿。每次将这2cm厚的沙子浇透即可。如果喷水导致沙子流失，应随时添加保持原状。为保持适宜的湿度，应经常注意浇水，以多次、少量、勤浇为宜。

2. 温度控管

海拔达500m以上的地区，可不考虑人工调控温度，凭大自然气候就行。海拔500m以下的丘陵和平原地区，因气温过高，要做好温度调控。把温度计插入栽培箱中，保持温度为16～26℃。冬季保证温度为5～10℃，让天麻休眠。入秋后气温下降，早晚较凉，应降湿保温，白天增加光照，以提高箱温。

第五节　商品天麻日光温室栽培技术

近年来，北方地区充分利用日光温室，依靠科学的结构、适宜的棚膜和保温覆盖物的配合，有效地解决了北方地区天麻生长季节短、热量不足等问题，同时，结合喷灌和草帘畦面保湿等设施，为天麻生长提供适宜的环境，也使北方实现了天麻高产栽培。

一 选好地址和棚室

自然条件下，北方多数时间不适合天麻生长，其中温度和湿度是制约天麻生长的两个最主要的条件。冬季寒冷，天麻在自然条件下难以越冬；春季干旱多风，温度偏低也不适宜天麻生长；夏季炎热多雨，5月温度仍偏低，7月又高温炎热，也不适宜天麻生长；秋季凉爽，气温逐渐降低，多数时间也不适宜天麻生长。因而，一年中天麻适宜的生长期太短。但北方地区采用温室或大棚栽培，可有效解决温度低等问题，配合喷灌和降温设施，可实现天麻高产。一般选择较干燥和背风向阳的地方，采用常规的日光温室或塑料大棚，再配套喷灌和调温、调光、通风设施。

二　天麻生长的环境控制

天麻生长的温度范围为 10～30℃，适宜生长温度为 16～24℃，适宜生长的相对湿度为 40%～60%。在温室内可以在地面、地下及空间栽培。温室种植天麻的关键是防止夏季的高温。8 月外界的最高气温超过 30℃时，棚外要搭设遮阳网，室内需要采取浇水降温措施，保证室内温度控制在 26℃以下（10cm 处的地温），可以满足天麻的正常生长要求。春、秋两季温度基本上可以控制在 25℃以下，多数时间为 20～23℃。11 月中旬室外最低温度为 4～5℃，温室内最高温度为 30℃，10cm 处的地温为15～24℃，依靠白天见光、夜间覆盖棉被能够达到比较理想的温度。12 月～第二年 1 月是温室温度最低的时候，一般最低温度在3～4℃，可以作为天麻休眠时期，或作为保存天麻种麻的场所。

日光温室内的空气相对湿度为 40%～95%，个别夜晚会更高一些。但是天麻栽培畦的栽培层内沙子的湿度通过浇水管理可以保持在含水量为 40%～50%。夏季温室应始终保持通风状态，早春和晚秋减少放风。

三　栽培场地的准备

日光温室栽培天麻，多采用沙床栽培，沙床四周用砖固定。地面以上沿南北方向做 6 层砖砌的畦，畦高 30cm、内径为 60cm、长度为温室南北长，一般为 6～7m，温室北墙和南边各留出 0.5～1m。也可以挖深 30cm、内径为 60cm、长度为 6～7m 的深畦。还可以用 60cm×40cm×40cm 的筐子进行筐栽，筐子可以架起来码放 4~5 层。栽培天麻的基质为干净的粗河沙，种植时铺于畦内。

一般选择青冈、板栗、榛子等壳斗科，桦树等桦木科及杨树、梨树、苹果树等经济树种的主干和粗树枝作为菌材。规格以直径为 5~8cm、长度为 30cm 左右为宜。直径超过 8cm 的木棒要劈成两半。每栽培 1m² 的天麻需要上述规格的新鲜树棒 20kg 左右。上述木棒要在木棒两侧均匀地砍两排鱼鳞口，鱼鳞口纵向间距为 5~6cm，深度达木质部 0.5cm 左右，并晾晒 1~2 天。使用前用 0.5% 硝酸铵溶液浸泡 1h，捞出稍晾再用。同时，将上述主干、粗树枝上的小树枝（直径小于 5cm）砍成 4~5cm 的小枝段备用。同时还需要一定数量的干净阔叶树的锯木屑和树叶。

一般每栽培 1m² 的天麻，需要 500~1000g 的 0~2 代优质白麻麻种，白麻以 5~30g 为宜，麻种小则用种量少，麻种大则用量大。每栽培 1m² 的天麻，需要蜜环菌三级菌种 2~6 瓶（袋）；若提前培养菌床，蜜环菌用量可少些，一般 2~3 瓶即可；若采用"三下窝"种植，蜜环菌的用量为 4~6 瓶。

四 适时栽培

商品天麻分为秋栽和春栽，秋栽在 11~12 月，以麻种停止生长进入休眠期为宜；春栽在 2~3 月，以天麻块茎萌动前为宜。

一般提前培养菌床或菌材。菌材培养一般需要 50~60 天，所以，天麻的播种日期向前推两个多月接种即可。冬季温室内温度低，菌材生长慢，要多留出一些时间。菌材在 11 月必须接上种，第二年春季随时可用。温室做菌材的方法是：用砖砌出宽 2m、长 6~7m 的畦，将畦底挖松整平，铺一层树叶后摆放新菌棒，新菌棒间每隔 10~15cm 放 2~3cm 大小的蜜环菌菌种 3 块（原种或栽培种），用沙土或腐殖土填好棒间孔隙，再放第 2 层；可以铺 3~4 层，菌材堆的高度一般为 40~50cm，最后填沙覆平、浇水。表面撒一层树叶以保湿。温室菌材畦内的温度保持在 15~20℃，需要 3~4 个月的时间。优质菌材的标准是：菌索粗壮、幼嫩、棕红色、多且均匀；树皮褐色新鲜，无杂菌感染。提前培养菌床或菌材时，其种植方法同前面固定菌床法或移动菌床法。

若采用"三下窝"种植，一般在 11~12 月将菌材、菌种和麻种一并做畦下种。以"三下窝"栽培法为例，栽植时，先按规格用砖堆码好床框，然后从床的一头开始，下面先铺 10cm 厚的粗河沙，再铺放一层事先浸泡好的湿树叶，树叶上横放一层处理好的大菌棒，菌棒间距 5~6cm，两根菌棒间用 4~5cm 长的小树枝垂直于菌棒放置。在菌棒鱼鳞口、两端和菌棒间的小树枝上放置一批蜜环菌三级菌种（树枝或菌块），并用培养料将菌棒间小树枝与缝隙填满，然后在大菌棒的鱼鳞口处定植麻种，麻种脐部紧贴菌种和菌棒。用粗河沙将天麻麻种和菌棒覆盖，厚度以 5cm 为宜。然后，按照上述方法种植第 2 层天麻，第 2 层天麻种植好后上面覆盖 10cm 厚的粗河沙，并将畦床表面整平，并在畦面上覆盖一层树叶或草帘。河沙较干时，要适时喷水保湿。

五　日常管理

温室在栽培前要进行清扫和消毒，栽培期内也要定期消毒，避免杂菌污染。天麻生长不需要强烈的直射光，应注意覆盖草帘或遮阳网，透光度在 30% 左右即可。天麻定植后保持室内温度在 15~25℃，超过 30℃对天麻生长不利，应通过遮阴、喷雾和通风等措施降温。培养料的湿度应保持在 40% 左右，不能有积水，以利于天麻和蜜环菌生长繁殖。春季天麻于休眠期结束后开始萌动，此时应增加土壤中的含水量至 50% 左右。尤其在 5~9 月，天麻进入生长旺季，水分蒸发量大，更应该注意浇水保湿。一般情况下，每 1~2 周喷 1 次透水即可。经常对温室进行通风换气，充足的氧气可促进蜜环菌快速发菌，旺盛生长，浸染菌材，让天麻能够及时接菌。天麻生长期间要注意病虫害的防治。

六　存在的问题

温室栽培天麻需要搭设遮阳网，成本较高，但管理简单，节

省人工，效益也很好。如果大面积推广温室栽培天麻，需要从栽培季节、栽培方式、降温方法等方面来研究如何降低成本。在天麻的生长过程中要满足其避光性、向气性、向湿性。温室栽培天麻，采用地面畦内栽培，选用粗沙，很好地满足了天麻的避光性、向气性，但需要调节好温度和湿度，夏季表层温度一定要控制在28℃以下，湿度以少量多次浇水为宜。试验中发现，湿度稍大时，表层的天麻容易变黑，影响品质。

第六节　商品天麻种子直播技术

　　近年来，湖北、陕西等产区，由于天麻种子繁育技术和杂交制种技术的不断完善，直接采用天麻种子直播，不进行种苗移栽，采用畦栽的方式种植商品天麻，并配合地膜覆盖保温，延长生育期，可大幅提高箭麻的产量，减少人工和菌材的用量，降低生产成本。

一　培育菌枝、菌棒

　　一般在3月中上旬采用堆培法培育菌枝和菌棒（图8-4）。选择未种过天麻的新地块，或者在老地块上铺放一层15cm厚的新沙土。然后，将新菌材按照粗细锯成段，直径在3cm以上的粗菌材锯成50～60cm的长段，两边断面为平直口，并锯好鱼鳞口；直径在3cm以下的细菌材锯成10～20cm的短段，并将两边断面锯成斜口，不用锯鱼鳞口。再在整理好的地面上直接码堆铺放5～8层菌材，一般堆放宽度为1～2m，高度为30～40cm，长度不超过5m。堆放时，先将粗菌材铺放在下层，每铺放一层就安放适当量的蜜环菌栽培种（1m²约0.5瓶），然后铺放第2层，依次铺放到第4层；细菌材撒放在上层的粗菌材上，一般撒放2～3层，然后在上面放适量的蜜环菌栽培种（1m²约1瓶）。最后，使用未用过的新沙土将堆码的菌材四周和表层盖实，沙土厚度在

10cm 以上，并用玉米秆或蕨草覆盖在畦面以保湿和保温。一般培育 50 ~ 80 天，就可培育好菌棒和菌枝。

图 8-4　湖北宜昌天麻产区菌棒、菌枝的培养

二　场地的准备

一般采用未种过天麻的新地块。种植前应去掉播种场地的杂草和石块，坡陡的地方应做成小梯田。如果采用老地块种植，则提前 1 ~ 2 个月清除掉老菌棒，并用生石灰进行消毒杀菌，然后在地块上铺放一层厚度在 20cm 以上的新沙土。

三　天麻种子的繁育

一般在 3 月中上旬开始进行种麻育种。采用室内育种，配套加温设施。5 月上旬 ~ 6 月中上旬种子就可繁育好。

四　田间种植

1. 种植时期
5 月中下旬 ~ 6 月中下旬进行直播种植。

2. 种植方法
采用畦播种植，下播式，播种 2 层。

3. 种子播种的流程
（1）拌种　按 3 ~ 4 个天麻蒴果（0.3 ~ 0.5g 种子）拌播 1 袋

萌发菌栽培种（可播 0.3 ~ 0.4m²）。先将萌发菌栽培种（500cm³/袋）撕成单片树叶或撕碎，放入拌种盆内，然后将天麻蒴果撕开，抖出里面种子，均匀撒在萌发菌菌叶上，拌匀。将拌好种子的萌发菌菌叶用塑料袋装起，扎好袋口，放在阴凉处发菌 1 ~ 2 天，待菌块（叶）上长出一层白毛状的气生菌丝并把种子完全包住再播种。

（2）菌棒和菌枝的准备　将提前培育好的菌棒、菌枝挖出，并运到种植地备用。

（3）树叶的准备　选用壳斗科树种（青冈、板栗等）的干树叶，在播种的前一天将干树叶浸泡 1 天，捞出备用。

（4）播种　在准备好的地块，平地做种植畦。先在地面铺放 4 ~ 5cm 厚的新沙土，宽度为 1.2 ~ 1.5m；然后，在沙土上铺放一层树叶，厚度为 1 ~ 2cm；将拌好天麻种子的萌发菌掰成小块，均匀摆放在树叶上；并在上面萌发菌上平行摆放一层培养好的菌棒，菌棒间距 4 ~ 6cm，在菌棒间铺放一层菌枝，然后回填一层新沙土，厚度为 4 ~ 5cm，稍压实；依上述方法播种第 2 层天麻种子，在第 2 层菌材上覆盖顶土 7 ~ 10cm，稍压实。播种完好，播种畦顶土覆盖成中间高、四周（两边）低的馒头形，并在顶土上覆盖一层树叶。

五　播种后的管理

1. 第 1 年的田间管理

（1）防控高温　夏季温度高于30℃，在种植畦面覆盖树叶或秸秆，可以保湿和降温，促进蜜环菌生长和天麻原球茎、米麻接菌（图8-5）。

（2）水分管理　播种时，种植畦土壤的含水量为 50% ~ 60%。种子发芽后，应保持种植畦土壤湿润，含水量一般为 40% ~ 60%。雨季及时检查并清理积水或撤掉种植畦表面土壤上的覆盖物，增加透气性；夏季土壤干旱，应适当浇水保持土壤湿润。

图 8-5　湖北宜昌、陕西略阳产区天麻种植畦被秸秆覆盖

（3）覆盖地膜　10月初，环境气温开始下降，昼夜温差变大，此时在种植畦的畦面覆盖一层地膜或薄膜，地膜的宽度和畦面宽度保持一致（不要覆盖住整个种植畦，畦床两边保持通风透气），用畦沟中的沙土将地膜四周压实，让薄膜紧贴畦面（图8-6）。当年12月底或第二年2月就可将地膜揭掉。覆盖地膜可使米麻和白麻的生长期延长1~2个月（11月），可培育出大量的大白麻。

图 8-6　湖北宜昌产区天麻种植畦覆盖地膜保温

2. 第2年的田间管理

（1）清沟培土　3月，及时将田间畦沟中的积土清理并堆培

到种植畦上，加深畦沟，增加种植畦的土层，以利于种植畦排水透气。同时，清理好田间四周的排水沟，促进雨季田间排水顺畅，防止田间积水造成天麻腐烂。

（2）种植玉米、大豆进行遮阴　4～5月，在畦沟中种植玉米或大豆，进行粮麻套种（图8-7），既可为天麻种植畦遮阴降温，又可获得一定的粮食产量和收入。

图8-7　湖北英山天麻产区粮麻套种

（3）秸秆覆盖　在种植畦面覆盖树叶或秸秆降温和保湿，促进蜜环菌生长，增加天麻的产量。

六　采收

第二年的10月即可采收箭麻。揭掉种植畦表面的秸秆，用锄头轻刨掉种植畦上的表土，然后戴手套采收天麻。

—第九章—
天麻病虫害的诊断及综合防治技术

天麻病害、虫害、鼠害的防治要认真贯彻"预防为主，综合防治"的植保方针，采取农业综合防治措施，创造有利于天麻生长发育，不利于各种病菌、害虫繁殖、侵染和传播的环境条件，将有害生物控制在允许范围内，使经济损失降到最低限度。生产上尽量不施农药，必要时应采用最小有效剂量，并选用高效、低毒、低残留的农药，以降低农药残留，保证天麻的药用安全、有效，保护生态环境。

第一节 天麻病害的防治

天麻的病害主要来源于黑腐病及杂菌侵染。

一 天麻块茎腐烂病

1. 黑腐病

【为害症状】 黑腐病是由病原真菌侵染天麻球茎引起的，球茎早期出现黑斑，后期天麻块茎腐烂，味极苦，对天麻产生严重的危害。有时也见白色菌丝呈片状分布在菌材表面，生长速度快（彩图7）。

【病原的形态特征】 黑腐病的病原为尖孢镰刀菌（*Fusarium oxysporum* Schlecht），属瘤座孢科，镰刀菌属，在 PSA 培养基

（马铃薯蔗糖琼脂培养基）上气生的菌丝呈绒状，白色、粉白色至浅青莲色，菌丝茂密旺盛。有 3 种孢子，常见的有 2 种分生孢子，即小型分生孢子和大型分生孢子。小型分生孢子数量多，卵圆形、肾形，假头状孢子头着生于产孢细胞上；大型分生孢子呈镰刀形，稍弯，向两端较均匀地逐渐变尖；还有一种厚垣孢子，一般是营养不足或环境条件不适宜时产生。此病鉴定的关键点是，取天麻病块，挑取病原物制成临时装片，显微镜下观察可见大量镰刀形分生孢子。

【病因】　由于选择场地不当和管理粗放，造成种植坑（床）内透气不良，长期高温高湿，致使各种腐生菌和杂菌猖獗，感染天麻后引起块茎腐烂。

【防治方法】

1）选择适宜场地，不宜选择地势低洼、土质黏重、通透性不良的地段，应选用周围病害少的场地来栽培天麻，场地使用前要进行消毒处理。

2）加强田间管理，控制温度和湿度，做好防旱、防涝，保持坑（床）内湿度稳定，抑制杂菌的生长，这是防治腐烂病发生的根本措施。

3）选择完整、无破损、色泽鲜的白麻作为种源，采挖和运输时不要碰伤和晒伤，切忌将带病种麻栽入坑（床）中。

4）严格选择菌材和菌床，有杂菌的菌种不能使用；若有被杂菌感染或疑似的菌材，弃之不用。

5）栽种天麻时需要对辅料进行晾晒、消毒处理。

2. 褐腐病

【为害症状】　天麻球茎感染初期形成灰褐色中部下陷的圆形病斑，可多个愈合为不规则的较大斑块，球茎内部腐烂成白色浆状物，但表皮仍然保留。湿度大时，在球茎表面长出灰白色菌丝，并形成黑色菌核，菌核周围有菌丝缠绕，附着在天麻表面，易剥离（彩图 8）。

【病原的形态特征】 褐腐病的病原为灰葡萄孢菌（*Botrytis cinerea* Pers. ex Fr.），属丝孢目，葡萄孢属。该菌菌落质地疏松，气生菌丝发达，呈绒毛状，菌丝为灰白色，有隔。菌落中有环状不规则的菌核，初为白色，之后颜色逐渐加深，最终为黑色。分生孢子从菌丝上长出，顶端分枝，分枝末端膨大，呈头状，簇生椭圆形分生孢子。

【病因】 土壤中的病麻残体和菌核是灰葡萄孢菌的初侵染源。

【防治方法】

1）采用轮作。杂菌污染的地块不能再栽种天麻，减少重茬引起的杂菌危害。

2）选用优质种麻。推广有性繁殖技术是有效防治天麻褐腐病的主要措施之一，切忌将带病种麻栽入坑（床）中。

3）合理存放种麻。种麻在室内保存时要散开存放，不要密封堆积和长期堆放，要降温排湿。

4）保证种麻完整无损。选择完整、无破损、色泽光鲜的白麻做种源，采挖和运输时不要碰伤和晒伤。

5）栽培菌种的使用量要充足。不能使用带有杂菌的菌种进行伴栽。

6）药剂消毒。用 50% 速克灵可湿性粉剂 1000 倍液进行土壤消毒和浸种，可明显减少土壤和种麻带菌。

3. 锈腐病

【为害症状】 锈腐病的为害症状有两种类型：一种为湿腐型，病部呈现水渍状病斑，不生锈斑，病部扩展迅速，造成天麻块茎腐烂，但无臭味产生；另一种为软化型，病变部位呈失水状，表面皱缩，部分变成褐色，生锈斑。此病在连作或多代无性繁殖的情况下染病严重，病菌沿中柱层维管束侵染，染病天麻横切面中柱层可见小黑斑，种麻最为严重，天麻腐烂，产量显著降低（彩图 9）。

【病原的形态特征】 锈腐病的病原为锈腐病菌（*Cylindro-carpon destructans*），属瘤座菌目，柱孢属真菌。在 PDA 培养基上观察，子座为茶褐色；气生菌丝初为白色，后为褐色；厚垣孢子串生或呈结节状，茶褐色；分生孢子梗单生或分枝，呈圆柱形或卵圆形，多具有乳头状突起，无色透明，有隔膜。

【防治方法】

1）严格选择栽培地。选地要适当，地势低洼、土质黏重、通透性不良的地段易发生块茎腐烂。水分适宜的地块蜜环菌生长旺盛，杂菌受到控制；土壤水分过大、通气不良的条件下，杂菌生长较多。杂菌污染的坑（床）不能再栽天麻，减少重茬引起的杂菌危害。

2）严格挑选种麻及推广有性繁殖技术。推广有性繁殖技术能提高种麻的抗逆能力，选择完整、无破损、色泽光鲜的白麻作为种源，采挖和运输时不要碰伤和晒伤；切忌将带病种麻栽入坑（床）中。

3）应用纯菌种和选用新菌材。培养菌枝、菌床、菌材时所选用的菌种一定要纯，不能使用带有杂菌的菌种进行伴栽；在培养菌材、菌床、菌枝时，加大接种量；采用新鲜菌材，随砍随育，尽量不用干材培菌。

4）加强田间管理。控制适宜的温度和湿度，做好防旱、防涝工作，保持坑（床）内的湿度稳定，抑制杂菌的生长。

二　水浸病

【为害症状】 天麻生育期最忌水浸，一般天麻浸水 12～24h 即腐烂，有臭鸡蛋味（彩图9）。

【防治方法】 选择排水良好的沙壤土栽培；降雨后要及时进行检查，发现积水，立即排除；森林郁闭度过大时，可进行疏枝，增加光照。

三 疣孢霉病

【为害症状】 菌棒被疣孢霉侵染后经 10 天左右，表面形成厚厚的白色绒状物，如棉絮将菌棒包裹，使新棒被隔离而不能接上蜜环菌。危害严重时，覆土表面都有白色疣孢霉菌丝出现。疣孢霉变为黄褐色时已产生厚垣孢子，表面渗出褐色水珠，最后在细菌的共同作用下，使正在生长的天麻腐烂，并有臭味产生（彩图 10）。

【病原的形态特征】 病原菌为疣孢霉菌（*Mycogone perniciosa* Magn），属束梗孢目，疣孢霉属真菌。疣孢霉最适生长温度为 25℃，于 20℃下培养分生孢子的产生量最多，于 10℃下生长缓慢，于 35℃下停止生长，65℃处理 1h 不能恢复生长。

【发病规律】 疣孢霉病在高温高湿、通风不良的条件下迅速蔓延，在低温高湿的条件下也能发生。疣孢霉是一种常见的土壤真菌，厚垣孢子在土壤中能存活多年，初侵染源为菌棒、覆土和天麻种麻；生长期可多次再侵染。

【防治方法】

1) 选用优质麻种。选用有性繁殖种麻，以增强其抗病和抗杂菌的能力。

2) 菌棒选择及种麻消毒。已染杂菌的老坑（床）、老菌棒一律弃之不用。染菌的种麻用 50% 多菌灵可湿性粉剂 500 倍液或 70% 硫菌灵可湿性粉剂 500 倍液浸泡后，摊开晾干水分方可下种。

3) 覆土的选择。覆土要取 30cm 以下的深层土，切勿取表土。

4) 控制温度和湿度。南方野外种植天麻选择海拔较高、夏天土温不超过 25℃和排水性能良好的场地为宜。地下水位较高的场地，提高栽培坑（床）底的高度，增强排水能力。

四 杂菌侵染

【为害症状】 天麻栽培中的杂菌主要有两类：一类为霉菌，

第九章 天麻病虫害的诊断及综合防治技术

包括木霉、根霉、黄霉、青霉、绿霉和毛霉等，主要影响蜜环菌菌材的培养，破坏天麻与蜜环菌共生关系的建立，导致天麻栽培的失败。其为害症状是：在菌材或天麻表面呈片状或点状分布，部分发黏并有霉味，影响蜜环菌及天麻的正常生长，易造成天麻腐烂，严重影响产量。另一类为以假性蜜环菌为主的杂菌，其菌丝和菌索类似于蜜环菌，但菌索在菌材表面呈扇形分布，并且不发荧光，这类杂菌能抑制蜜环菌的生长，导致天麻得不到养分而死亡。

【防治方法】 防治杂菌感染的关键是充分满足蜜环菌所要求的环境条件，促进蜜环菌旺盛生长，使其在生态中占据优势地位，从而抑制杂菌的生长。

1）注意培养场地及周围环境的选择。选择环境中杂菌污染少的生荒地，准备填充土时要严格选择无杂菌感染的新土。

2）加强菌材的选择。培养菌材时应仔细检查，采用未腐朽、无杂菌的新鲜木材做菌棒，一旦发现有杂菌侵染，应剔除废弃不用。

3）种植天麻的坑（床）不宜过大、过深。菌床大小必须合适，各培养坑（床）内培养菌材的根数不宜过多，以避免损失。

4）适度加大蜜环菌的用量，使蜜环菌短时间内旺盛生长，成为优势生长菌，抑止其他杂菌生长。

5）控制温度和湿度的变化。保持坑（床）内适宜的湿度。湿度过大应减少覆盖物，使之通风，并且周围挖排水沟，做好排水；干旱时应及时浇水。

五 日灼病

【为害症状】 日灼病是一种生理性病害，主要发生在天麻抽薹以后。天麻抽薹开花以后，如果日晒时数过长或光照强度过大，向阳面的茎秆则会变黑，易感染霉菌，倒伏死亡。

【防治方法】 露天培育天麻种子时，应在天麻抽薹以前搭好荫棚，避免此病的发生。必要时在天麻茎秆旁插杆绑定，防止天麻倒伏。

六 芽腐病

【为害症状】 箭麻染病初期在发病部位形成小黑点，病菌顺维管束组织向花茎方向快速扩展，箭麻花芽染病后坏死并形成芽腐；有的花茎刚出土即坏死腐烂而称首腐；花茎基部染病，重者引起基腐而致地上部分枯死，轻者导致花茎畸形呈勾头状，不能开花结实；有的箭麻虽能抽穗开花，但由于茎基腐烂造成花茎枯萎倒伏，最终不能结实。解剖患芽腐病的箭麻地下茎及花茎，可见横切面局部维管束组织变黑坏死。在阴湿条件下，肉眼可见发病部位表面有灰白色至浅紫色菌落及粉红色分生孢子堆。生产中，采挖箭麻时遇雨，加上包装运输条件简陋，易导致箭麻受伤感染。

【病原的形态特征】 芽腐病的病原为尖孢镰刀菌（*Fusarium oxysporum* Schl.）。病菌在 PSA 培养基、PDA 培养基和 PDA 加富（加适量天麻煎汁）培养基上于 20℃ 条件下培养，3 天可见菌落，7 天菌落直径扩大到 30～50mm，菌落为白色、灰白色至粉红色，菌丝繁茂且呈絮状、松散，其上有大量大小两种分生孢子。30 天后产生大量厚垣孢子。10～35℃ 均可生长，23～28℃ 为适宜温度范围；pH 为 3～10 时均可生长，最适 pH 为 6～7。小型分生孢子为单胞，个别为双胞，椭圆形，两端稍尖，产孢细胞为短瓶颈状、单生。大型分生孢子呈镰刀形，壁厚，多有 3～4 个隔膜。发病后期常有厚垣孢子单生、间生或串生。厚垣孢子呈球形。

【防治方法】

1）农业防治。种子园应选择在住宅附近，便于管理。土壤疏松湿润，排灌方便，向阳避风。可搭设 2m 高的简易遮阴棚，棚的周围还需要围上篱墙，使棚内的郁闭度在 70% 左右，空气的相对湿度保持在 70%～80%。棚顶用塑料薄膜覆盖，薄膜上面用

茅草、秸秆等物覆盖，既要透光，又要防雨。遇干旱及时浇水，长期连阴雨时及时清沟排水，防止湿气滞留。种子园要特别注意前作不能是马铃薯、番茄等茄科及瓜类等易感此病的植物。可在熟地上铺一层新土后放置箭麻，再盖上新土，以避免土壤带菌而使箭麻染病。

在选种上，用于有性繁殖的箭麻一定要做到边采挖、边选择、边包装和及时运输，避免损伤。应选择个体较大、饱满健壮、无病虫害、无机械损伤的箭麻做种，其个体质量以 200 ～ 300g 为佳。

2）生物防治。木霉是一种较好的生物防治微生物。木霉通过重寄生、胞外酶降解、产生抗生素等一系列颉颃作用有效抑制许多病原菌的活动，对多种土传真菌性病害有明显的生物防治效果。木霉的菌丝以缠绕、穿插、紧贴等方式寄生于尖孢镰刀菌上，并产生木霉分生孢子，使尖镰孢霉菌丝变形和细胞变短，直至菌丝从隔膜处断裂、解体；木霉能产生胶霉毒素或抗生物质，使病菌菌丝的细胞质消解或使菌丝原生质凝结，并逐渐腐烂、失活、解体；木霉争夺尖孢镰刀菌的生活、营养空间，使尖孢镰刀菌菌丝生长受到抑制。

3）化学防治。箭麻移栽前用 50% 多菌灵可湿性粉剂水溶液 2g/L 或 70% 甲基托布津可湿性粉剂水溶液 1g/L 浸种 1h；也可用箭麻质量 0.4% 的 50% 多菌灵可湿性粉剂拌种。移栽时用 50% 多菌灵可湿性粉剂 2g/kg 或 70% 甲基托布津可湿性粉剂 2g/kg 的药土作为覆盖土。观察地下箭麻的健康状况，发现病变及时喷淋或浇灌 5g/L 12.5% 增效多菌灵可溶性粉剂水溶液；发现病烂箭麻及时清除销毁，病坑（床）施甲基托布津、多菌灵或生石灰，以控制病菌扩散蔓延。

七 蜜环菌病理侵染

【发病条件】 天麻和蜜环菌之间是一种共生的营养关系。天麻生长势强的情况下，可同化蜜环菌获得营养以繁殖生长；当天麻种性退化，生长势衰弱，或者蜜环菌长势太旺盛时，蜜环菌反而侵入天麻块茎中柱层，使天麻溃烂。天麻生长所需水分小于蜜环菌生长的需水量，当土壤中含水量大时，蜜环菌生长旺盛，而天麻生长受到抑制，蜜环菌就会为害天麻。在 9 月末～10 月初，降水量大，土壤的含水量高，气温降至 15℃ 以下，天麻将进入休眠期，而蜜环菌在低温高湿的条件下继续生长，为害生长势已衰弱的天麻，引起天麻腐烂（彩图 11）。

【为害症状】 在正常情况下，蜜环菌一般不侵入新麻，只能侵染母麻，菌索突破母麻表皮层，进入皮层到大型细胞的易染菌层，菌丝分散，向外侵入皮层细胞形成菌丝结，向内侵入大型细胞。蜜环菌病理侵染与正常侵染不同，菌索可侵染新生麻，侵入表皮层进入皮层，脱掉坚硬的外壳，仍以菌索形态侵入皮层细胞，突破大型细胞进入中柱层，并有一些菌丝沿着细胞壁蔓延，破坏天麻中柱层薄壁细胞，使天麻溃烂。同时在不利于天麻生长的条件下，蜜环菌菌索也可由母麻通过营养繁殖茎侵入新生麻。新生麻腐烂后，体内充满蜜环菌索，粗壮的菌索附在天麻块茎表皮层，可分泌一些化学物质，引起天麻表皮层溃烂，颜色变黑，严重影响天麻的产量和品质。

【防治方法】

1）合理选地。选择排水良好、通气性较好的沙壤土及腐殖土栽培天麻，促进天麻旺盛生长，提高其抵抗力。

2）清好排水沟。雨季应开好排水沟，尤其是容易积水的地块和平地更应注意排除积水。

3）抽坑检查。9 月下旬～10 月上旬雨水太大时，一方面应注意排水，另一方面应经常检查，发现有天麻被蜜环菌侵害，则应提前采收。

第九章 天麻病虫害的诊断及综合防治技术

八 连作障碍

在天麻的生产中老坑不能连作，否则将出现严重的连作障碍，严重时甚至会造成有种无收。化感作用是天麻连作障碍的重要原因之一。为避免天麻连作障碍，应注意以下几点：

1）选择生地种植或老坑中换土栽培。天麻收获后的土壤在放置不同年限后，土壤中真菌的种群结构会发生很大变化。各年份土壤中真菌与蜜环菌颉颃培养结果表明，从刚收获天麻的土壤中分离到的土壤真菌对蜜环菌的抑制作用最强。

2）定期选育并复壮蜜环菌。通过复壮已退化的蜜环菌，恢复其促进天麻生长及天麻素积累的作用。

3）在高海拔地区种植。由于高海拔地区的气温比较低，土壤中微生物的数量和种类比较少，这保证了天麻在栽培过程中的正常生长，避免更多致病菌的侵染。

第二节　天麻虫害的防治

一 蛴螬

鞘翅目金龟甲科金龟子的幼虫通称蛴螬，俗称地蚕或土蚕，成虫统称金龟甲或金龟子，在天麻上发生危害比较普遍而严重的种类有大黑鳃金龟、铜绿丽金龟等。

【为害症状】　蛴螬为多食性害虫，以幼虫在天麻坑内啃食天麻块茎，造成天麻块茎空洞，并在菌材上蛀洞越冬，破坏菌材。为害天麻的主要有大黑鳃金龟、铜绿丽金龟等，全国各地都有发生。成虫昼伏夜出，晚上出土取食，有假死性和趋光性（彩图 12）。

【形态特征】

1. 大黑鳃金龟

（1）成虫　体长 16～21mm、宽 8～11mm，长椭圆形，黑色

或黑褐色，有强光泽，触角共10节，鳃片部3节且为黄褐色或赤褐色。鞘翅长度约为前胸宽的2倍，翅上散布刻点，并且每个鞘翅上有4条纵隆起线。

（2）卵　初产时呈长椭圆形，白色略带绿色光泽，平均长2.5mm、宽1.5mm；发育后期呈圆形，洁白，有光泽，平均长2.7mm、宽2.2mm。

（3）幼虫　体型中型稍大，头部为赤褐色，前顶刚毛每侧各有3根且成纵列，前侧褶区发达，褶面粗大明显，肛门孔呈三射裂缝状。

（4）蛹　蛹为裸蛹。体长21～23mm、宽11～12mm。蛹初期为白色，2天后变为黄色，7天后变为黄褐色至红褐色。

2. 铜绿丽金龟

（1）成虫　体长19～21mm、宽10～11.3mm，头部、前胸背板、小盾片和鞘翅呈铜绿色且有闪光，但是头部、前胸背板的颜色较深，呈红铜绿色，腹部、3对足分别为褐色和黄褐色；鞘翅各有4条纵隆起线。

（2）卵　初产时呈椭圆形或长条形，乳白色，孵化前呈圆形，长2.37～2.62mm、宽2.06～2.28mm，卵壳表面光滑。

（3）幼虫　体长30～33mm、头宽4.9～5.3mm，头长3.5～3.8mm。头部前顶刚毛且每侧各有6～8根，排成一纵列。

（4）蛹　体长22～25mm、宽11mm，浅黄色，微弯。羽化前头部、复眼等颜色均变深。

【生活史和习性】

1）大黑鳃金龟在大部分地区2年完成1代，以成虫和幼虫越冬，越冬成虫4月下旬开始出土，为害作物、果树和林木叶片，成虫昼伏夜出，21：00为出土、取食、交尾高峰，22：00以后活动减弱，趋光性不强。5月中旬开始产卵，6月上旬开始孵化，孵化出的幼虫进行为害；1龄、2龄幼虫期平均为52.2天，

7月下旬~8月上旬进入3龄，幼虫具有假死性，10月中下旬开始下降至深土层中越冬，越冬幼虫在土层中啃食天麻造成危害。

2）铜绿丽金龟一般1年发生1代，以幼虫越冬，越冬幼虫通常在第二年5月中旬左右开始为害，为害盛期为5月下旬~6月初。成虫出现盛期为6月下旬~7月上中旬，7月中旬出现新一代幼虫，10月上旬开始下降并准备越冬。成虫通常情况下昼伏夜出，盛发期白天也可取食为害。成虫食量大，趋光性强，对黑光灯尤为敏感。

【防治方法】 蛴螬的防治应贯彻"预防为主，综合防治"的方针，用各种防治手段，把药剂防治和农业防治及其他防治方法协调起来，因地制宜地开展综合防治。

1）预测预报。为做好有机、无公害农业，预测预报为防治蛴螬为害的关键点。做好测报工作，调查虫口密度，在成虫发生盛期及时防治成虫。防治成虫可以大大减少虫口数，减轻幼虫对天麻的危害。由于成虫具有趋光性，在成虫盛发期，每隔20~30m架设1盏黑光灯或荧光灯，下置糖醋液进行诱杀。同时也可利用成虫的假死性，于清晨或傍晚振动植株捕杀成虫。

2）人工捕捉。可在整地和栽种、采挖天麻时，将挖出来的蛴螬逐个消灭。

3）黑光灯诱杀成虫。利用金龟子的趋光性，特别是它喜欢波长较长的紫外线，夏天可在距离天麻栽培场地50m左右的地方安装黑光灯诱杀成虫，减少其产卵数量，逐步从根本上减少金龟子生长繁殖的数量。

4）化学防治。在幼虫发生量大的地块，用90%敌百虫800倍液，或者用50%辛硫磷乳油700~800倍液，在窝内和四壁浇灌，都可起到杀虫效果。

二 蝼蛄

蝼蛄俗名"拉拉蛄""地拉蛄""水狗"等，属直翅目，蝼蝼蛄科。为害天麻的蝼蛄主要是非洲蝼蛄（*Grgllotalpa africana palisot de Beauvois*），还有一部分是华北蝼蛄（*Grgllotalpa unispina* Saussure）。

【为害症状】 蝼蛄为多食性害虫，以成虫或若虫咬食天麻块茎，造成天麻损伤，易被病原菌侵染。同时，天麻一旦被咬食，导致天麻品质下降，破坏天麻的商品性。在天麻表土层下开掘隧道，使蜜环菌菌索断裂，破坏天麻和蜜环菌的共生关系，造成天麻营养缺乏，导致天麻枯死。

【形态特征】

（1）成虫 非洲蝼蛄体型较瘦小，体长 30～35mm，丝状触角，头呈圆锥形，前足为开掘足，腹部末端近纺锤形。前胸宽 6～8mm，体色较深，灰褐色。腹部颜色较其他部位浅，全身密布细毛。前翅呈鳞片状，灰褐色，长 12mm 左右，能覆盖腹部的一半。

（2）卵 椭圆形，初产时长 1.58～2.88mm、宽 1～1.56mm，乳白色，有光泽，之后变为灰黄色或黄褐色，孵化前呈暗褐色或紫褐色。

（3）若虫 初孵化的若虫头部和胸部特别细，腹部很肥大，行动迟缓，起初全身为乳白色，腹部为红色或棕色，半天后从腹部到头部、胸部、足部开始逐渐变为浅灰褐色。2 龄以后，若虫体色接近成虫。初龄若虫体长 4mm 左右，成熟若虫体长 24～28mm。

【生活史和习性】 蝼蛄一般 2 年完成 1 代，以成虫或若虫在土壤中越冬。蝼蛄昼伏夜出，以 21：00～23：00 为活动取食高峰。若虫怕水、光、风，具有群集性，具有强烈的趋光性和明显的趋化性，嗜好香甜的物质，同时还具有喜湿性，喜欢在潮湿的土中生活。

【防治方法】

1）利用蝼蛄成虫趋光性强的特性，放置黑光灯诱杀成虫。

第九章 天麻病虫害的诊断及综合防治技术

2）同时也可将麦麸、豆饼、谷秕子等炒香，按照 1:2 的比例加入 90% 敌百虫 30 倍液，制成毒饵，夜晚将毒饵撒在蝼蛄活动的隧道处。

3）应用马粪诱杀，可在天麻种植区内挖 20cm 见方的坑，内堆积湿润的马粪，并且用草覆盖，每天清晨捕杀蝼蛄。

三 介壳虫

为害天麻的介壳虫主要为粉蚧（*Pseudococcus* spp），属同翅目，粉蚧科。

【为害症状】 粉蚧主要群集于天麻块茎上为害，天麻被害部位颜色变深，严重时块茎瘦小且停止生长，有时在菌材上也可见群集的粉蚧。粉蚧一般以窝为单位进行为害，较集中，传播有局限性。粉蚧以若虫或成虫群集于天麻块茎或菌材上越冬，雌成虫大多聚集于一处分泌棉絮状或绒毛状卵囊，边分泌边产卵。

【形态特征】 虫体小，椭圆形，浅红色，背上有白色蜡粉，体侧有蜡丝，末端有 1 对与身体等半长的蜡丝。幼虫为浅红色，1 龄幼虫无蜡粉，爬行迅速，喜聚集为害。卵呈椭圆形，浅黄色。

【防治方法】

1）杜绝虫源。杜绝虫源为防治介壳虫的关键点，天麻收获时，一旦发现粉蚧，如果是个别栽培坑发生，应将菌棒放在原坑中焚烧，该坑采收的所有天麻水煮加工入药，不能与其他天麻混合堆放，更不能作为种麻。如果大部分栽培坑都被粉蚧为害，应将天麻全部加工，所有菌棒焚烧处理，并停止在此继续种植天麻。

2）化学防治。发现有介壳虫为害时，在卵孵化时喷药杀 1 龄若虫，常用药剂为乐斯本 1000～1500 倍液，喷雾防治每隔 5～7 天进行 1 次，连续防治 2～3 次。

四 蚜虫

蚜虫俗称"腻虫"，属同翅目，蚜虫科。在我国为害天麻的蚜虫较多，主要有麦二叉蚜、麦长管蚜和桃蚜等。蚜虫的繁殖力特强，每年可发生数代。

【为害症状】 蚜虫主要以成虫或若虫群集于天麻花茎及嫩花上刺吸汁液，被害植株生长停滞，植株矮小、畸形，花穗弯曲、变小，影响开花结果，严重时枯死（彩图13）。

【形态特征】

（1）成虫 成虫有无翅和有翅2种类型，虫体细小而柔弱。无翅蚜较肥大；有翅蚜虫体较细瘦，头部和胸部为黑色，有透明翅。

（2）若虫 与成虫相似，无翅，体型略小。

【生活史和习性】 蚜虫食性杂、分布广、发生普遍、繁殖力强，成蚜可进行孤雌生殖，每年可发生20多代，温度合适时，每4~5天就可繁殖1代；有翅蚜可以迁飞到其他作物上进行越冬。

【防治方法】

1）天麻孕蕾至开花期间，用10%吡虫啉3000~6000倍液喷雾1~2次有较好的防治效果。

2）清理天麻种植区域内的杂草，消灭中间寄主。并用50%抗蚜威1000~1500倍液喷雾，防治越冬成虫，把蚜虫消灭在迁飞为害之前。

五 地老虎

地老虎又名"地蚕""地根虫""黑土蚕"等，属于鳞翅目，夜蛾科。对农作物有危害的地老虎在我国有10多种，为害天麻的主要是小地老虎（*Agrotis ypsilon* Rottemberg），主要是幼虫取食种麻或天麻块茎，造成天麻品质下降或绝收。

【形态特征】

（1）成虫 体长16~23mm，翅展42~54mm。雌蛾的触角呈丝状，雄蛾的触角呈双栉齿状。前翅为暗褐色，有3条不明显的

曲折横纹和肾状纹、环状纹、棒状纹和楔状纹。楔状纹轮廓为黑色；肾状纹与环状纹为暗褐色，有黑色轮廓线；肾状纹外有 1 条尖三角形的黑色纵线；前翅近外缘处有 2 个黑色三角形纹与前 1 个三角形纹尖端相对，这是小地老虎成虫最显著的特征；后翅背面为白色。

（2）**幼虫**　成熟幼虫体长 41～50mm、宽 7～8mm，体形稍微扁平，黄褐色至黑褐色，体表粗糙，布满龟裂状的皱纹和黑色小颗粒，背面中央有 2 条暗褐色纵带；臀板为黄褐色，有对称的 2 条深褐色纵带。

（3）**蛹**　体长 18～24mm、宽约 9mm，红褐色或暗褐色，腹部第 4～7 节基部有 1 圈点刻，在背面的大而色深，腹部末端有 1 对短刺。

（4）**卵**　半球形，高约 0.5mm，宽约 0.6mm，表面有纵横交叉的隆起线纹，初产时为乳白色，孵化前变为灰褐色。

【**生活史和习性**】　成虫白天潜伏在土缝、杂草或其他隐藏处，夜间出来活动、取食、交尾及产卵，以 19：00～22：00 活动最为旺盛，有强烈的趋化性，喜食带甜酸味的汁液，对黑光灯的趋性强，雌虫的寿命为 20～25 天，雄虫的寿命为 10～15 天。幼虫共 6 龄，少数为 7～8 龄，以春季第 1 代幼虫为害最为严重，4～6 龄幼虫的食量占幼虫期总食量的 97% 以上。幼虫具有假死性，遇到惊动就缩成环形。

【**防治方法**】　防治小地老虎应采取农业防治和药剂防治相结合的方法。

1）预测预报。对成虫的测报可采用黑光灯或蜜糖液诱蛾器，春季自 4 月 15 日～5 月 20 日设置。如果平均每天每台诱蛾 5～10 只，表示进入发蛾盛期，蛾量最多的一天即为高峰期，过后 20～25 天即为 2～3 龄幼虫盛期，为防治适期；诱蛾器如果连续两天诱蛾在 30 只以上，预兆将有大发生的可能。

2）农业防治。早春清除菜田及周围的杂草，防止地老虎成虫产卵是关键环节。如果已产卵，并发现1～2龄幼虫，则应先喷药后除草，以免个别幼虫入土隐蔽。清除的杂草，要远离菜田，采用沤粪处理。

3）诱杀防治。一是黑光灯诱杀成虫。二是糖醋液诱杀成虫：糖6份、醋3份、白酒1份、水10份、90%敌百虫1份调匀，在成虫发生期设置，均有诱杀效果。某些发酵变酸的食物，如甘薯、胡萝卜、烂水果等加入适量药剂，也可诱杀成虫。三是毒饵诱杀幼虫（参见蝼蛄的防治方法）。

六 蚂蚁、白蚁

【为害症状】 天麻种植过程中随时都可发生蚁害，为害天麻和菌材，还啃食蜜环菌的菌索和菌丝，严重时天麻和菌材被食光。

【防治方法】 种植场地选择远离蚁源的地点，一旦发现栽培场地表土层或沙有隆起，可扒开土或沙，进行人工捕捉灭杀，也可用灭蚁灵诱杀。5～6月白蚁分群时，悬挂黑光灯诱杀；用"白蚁粉"50g兑水50L，或者用90%敌百虫800倍液浸泡菌材20min；在栽培场地四周或菌材及鲜材上放几块松木板，引蚂蚁到松木板上予以消灭。

七 跳虫类

跳虫是弹尾目中无翅的低等小型害虫，俗称"天麻虱子""烟灰虫""弹尾虫"，常群集在菌材、菌种和天麻球茎上取食蜜环菌的菌丝、菌索和天麻球茎，少者几十只，多者成百上千只。

【为害症状】 跳虫在天麻球茎的生长点或受伤处群居，引起局部变色、坏死、凹陷直至失去商品价值。

【防治方法】

1）农业防治。跳虫是栽培场所过于潮湿和卫生条件欠佳的

指示害虫，故应搞好栽培场所及采收天麻堆放地的清洁卫生，防止过湿和周围积水。要选用无跳虫的麻种和菌材栽培。

2）化学防治。发生严重时可用80%敌敌畏1000倍液喷于纸上，再滴上数滴糖蜜诱杀。跳虫盛发期可选用25%氯氰菊酯2000倍液喷杀。

八 天麻蛆

【为害症状】 天麻蛆以幼虫在土壤中为害天麻球茎，被害天麻球茎表面有明显的虫蛀眼，在球茎中形成1~3条蛀道，蛀道直径可达5~8mm或诱发病害而引起烂麻，使天麻失去商品价值。

【防治方法】

1）加强免疫。在引种、选种、调种过程中加强检疫，严禁将带虫种麻引入新的栽培区。

2）农业防治。要杜绝"三老"（老麻种、老菌材、老坑）栽培天麻，特别是尽量避免在发生天麻蛆的地方连作；在采挖或种植天麻时，发现受害天麻及其幼虫、蛹时，要将其集中后喷药消灭，及时清理腐烂天麻及其他酸腐有机物。

3）化学防治。在春、秋两季成虫羽化产卵期至孵化初期，可选用3%护地净颗粒剂5~6g/m²，5%毒死蜱颗粒剂3~5g/m²与10倍的细土拌匀后撒于天麻栽培坑上，并覆1cm左右的土；或用50%辛硫磷乳液0.3~0.4g/m²兑水成1000倍液或40%乳油0.3mL/m²兑水1.5kg浇灌。也可按100:100:200:0.5:5的比例将红糖、食醋、淘米水、敌百虫和锯木屑等配制成诱液，用脸盆或类似容器盛装诱杀成虫。

第三节　天麻鼠害的防治

一 鼠害的发生情况

为害天麻的鼠类主要有褐家鼠、黄胸鼠、小家鼠及其他野鼠等，鼠类对天麻的危害十分严重，鼠类在天麻的整个生育期均可造成危害。在天麻种植期，鼠类可偷走种麻储藏起来当作食物，造成天麻绝收。天麻生长期内，鼠类啃食新生麻而使天麻丧失商品用途或造成天麻严重减产。同时，鼠类在天麻栽培坑中打洞造成空气进入而使菌材感染杂菌，造成菌材损失或天麻绝收。

二 防治方法

通常所说的灭鼠，包含防鼠和灭鼠两个不同的概念。所谓防鼠是指采取控制、改造或破坏鼠类的生活环境和条件，间接地达到阻止鼠类数量增长的效果，如日常采用的食物防鼠、清除鼠类的隐蔽条件及结合生产管理改变鼠类生境等均属于防鼠的范畴。而直接消灭鼠类的措施和方法，如化学灭鼠、器械灭鼠、生物灭鼠等属于灭鼠的范畴。

灭鼠常用的方法有：

1. 预测预报

进行鼠情调查，做好预测预报及相应准备工作，是提高灭鼠效果和利用自然资源的前提。

2. 生物灭鼠

利用鼠类的天敌，如猫、猫头鹰、黄鼬、蛇等捕食鼠类，减少鼠类的数量，控制鼠害的发生。

3. 器械灭鼠

利用捕鼠夹、捕鼠笼、捕鼠箭、电子捕鼠器等进行器械捕鼠。

4. 化学药物

化学药物灭鼠是目前应用最广的一种灭鼠方法，具有使用迅速、方便、高效等特点，比较适合大面积灭鼠。但是，用于灭鼠的药剂一般毒性较高，若使用不当，易造成人、畜中毒的现象。比较常用的药剂为溴敌隆等，依据药剂的使用方法配置毒饵，饵料要新鲜，切忌霉变腐烂。一般傍晚时将毒饵放置田埂

或鼠洞周围，每5m放置一堆，于第2天和第3天分别进行补投，补投至害鼠停止取食为止。

第四节　天麻退化及其防治技术

一　天麻退化的特征

1. 外观性状的变异

退化后的天麻麻体形态上主要表现为由短粗变细长。例如，生长旺盛的米麻、白麻的顶端生长锥短而粗壮，退化后的米麻、白麻的顶端生长锥变尖长，有些米麻和白麻长成畸形，还有些米麻缠结成团，颜色也变成姜黄色或浅褐色；箭麻的头部、中部和尾部逐步由粗大变细，最终形成细条杆状。此外，退化后的天麻含水量高，折干率低，产量大幅度降低，多属劣等品。

2. 内在性状的变异

天麻退化后，其抗逆性显著降低。主要表现在两个方面：一方面，被蜜环菌侵染的箭麻数量增加，并且随着人工栽培代数的增加，箭麻表面被蜜环菌菌索侵染的数量越来越多；另一方面，感染病原菌的烂天麻数越来越多，导致麻体腐烂，特别是连栽数代的空栽培坑中感染现象尤为严重。天麻一旦退化，其接菌量和接菌率都会明显下降，种麻的分生能力下降，结果导致产量降低。

二　天麻退化的机制

天麻退化的机制目前尚在研究之中，虽然已经取得了一定的研究进展，但还没有形成统一的认识，有些解释也存在一些分歧，根据现有的研究结果，认为天麻退化的机制主要有以下几个方面：

1. 长期使用多代无性繁殖的天麻麻种和蜜环菌种

传统的生殖理论认为，无性繁殖是利用植物器官的再生能力，形成新个体的过程，是母体阶段发育的延续，因此能保持母体的优良性状，使之提早开花结果。但长期进行无性繁殖，会引起品种退化。特别是多代使用的老化蜜环菌，其菌索退化严重，生长速度减慢，呈细长状，分枝少而脆弱，菌索内部菌丝变黄，菌索表皮木质化严重，呈现黑褐色，表层细胞厚度增加，髓部菌丝减少。然而，蜜环菌的髓部菌丝不仅是侵入天麻的部分，也是提供天麻生长发育所需的主要营养来源。因此，退化的蜜环菌对天麻营养的供给减少，蜜环菌侵染天麻的概率严重降低，从而导致天麻品质和产量降低。

2. 天麻长期连作

天麻长期在某一个地方连作，会造成生态环境恶化，病虫害发生严重，从而导致天麻品种退化、劣质低产。此外，人工栽培天麻的条件低下、技术水平较差、管理粗放等方面也会导致天麻退化。天麻的生长发育与其周围的生态环境因素（如温度、湿度、空气、土壤、光照等）密切相关，并且影响程度超过了天麻本身的遗传适应能力。地域、气候、繁殖方式等都有可能影响天麻遗传的多样性。作为一种对蜜环菌专属依赖的植物，蜜环菌菌种的优劣将是引起天麻品质变化的关键。

三 天麻退化的防治及复壮技术

在生产实践中，天麻种质的退化、蜜环菌的变异、连作障碍、生态环境的恶化及栽培管理方式的差异等因素，均会导致天麻的品质和产量下降，因此，致力于天麻退化的防治与复壮技术的研究势在必行。

1. 蜜环菌菌种的优选

天麻除了抽薹开花外，其整个生长期的大部分时间都以块茎形态生长于地下。兰进等利用 ^{3}H- 葡萄糖以打孔浇灌标记天麻，追踪标记化合物，结果表明，蜜环菌与天麻之间存在营养物质的相互交流，表现出特殊的共生关系。蜜环菌通过菌索侵染天麻，

而天麻皮层细胞通过消化蜜环菌而获取营养得以生长发育。蜜环菌菌种的生物学特性与天麻品质、产量成正相关性。由此可见，优良的蜜环菌菌种是影响天麻品质和产量的关键。

（1）蜜环菌种质的影响 近年来研究发现，不同种类的蜜环菌所表现的生物学特性不同，对天麻生物量及药效的影响具有显著差异。优质蜜环菌菌种的主要生物学特征是没有干枯或喷水现象的，菌丝色泽一致，二、三级菌种表面有乳白色条状菌索分布，菌种生命力旺盛，外观新鲜湿润，夜晚可见菌丝和幼嫩的菌索发出荧光，具有檀香气味。优质菌种接种天麻后，天麻的成活率较高，产量较高。对一些来自天麻块茎和天麻生长区附近的蜜环菌菌株进行栽培试验，结果表明，高卢蜜环菌与天麻的共生效果较好。高卢蜜环菌的菌索粗壮、发达，生长迅速，无寄生性，有利于天麻的栽培生长。奥氏蜜环菌和蜜环菌具有很强的侵染力，是多种林木的病原菌。发光假蜜环菌是华北地区果树的病原菌，如果用于天麻栽培，不仅不能为天麻的生长提供所需的养分，反而会使天麻被蜜环菌"吃掉"。在天麻生产中，由于使用不当的蜜环菌菌种，经常造成天麻被"吃掉"，产生"空坑"现象。王晓玲等研究表明，选用未栽培过天麻的蜜环菌有利于天麻的生长。

（2）培养基的影响 不同的培养基对蜜环菌生长的影响差异较大。培养蜜环菌一般采用锯木屑加入小树枝条或刨木花作为培养基，也可以采用液体培养基进行培养，前者培养时蜜环菌生长较慢，后者培养时间较短，蜜环菌生长较快。卢学琴等研究发现，蜜环菌 A9 在含有牛肉膏浸提液的培养基上生长最快，菌索最健壮，满管时间最短。牛肉膏培养基的优越性在于能够提高蜜环菌的生长速度、整齐度及生长密度等方面的生物学性状。一些研究者曾试用半固体培养基培育蜜环菌也取得了较好的效果，将1cm 粗的枝条截成约 3cm 长的小段，装入菌种瓶，灌水浸没枝条，瓶口包扎塑料膜，按常规灭菌，接蜜环菌原种，在25℃恒温条件下培养25天，菌丝即可长满瓶。由于一般杂菌很难在水中生长，仅能污染液面，而蜜环菌能够向下长满瓶，成品率达95%以上，使用时弃去上面污染部分即可。根据不同蜜环菌生长特性的差异，选择相应的培养基，将对蜜环菌的生长发育产生重要的影响。

此外，对于已经退化的蜜环菌需要进行复壮，通过将其回接至天然基质煎出液配制的培养基上，可以使其恢复原有的优良生物学特性。此方法简单易行，对设备无特殊要求，适用于天麻的生产实践。

（3）培养条件的影响　蜜环菌为白蘑科蜜环菌属的一种兼性寄生真菌，可以生长在200多种乔木树上，尤其是一些阔叶树。它既能在死树上营腐生生活，又能生活在活的树根上而引起森林病害，所以可以利用砍伐的段木培养出大量的优质菌材。蜜环菌是一种好气性真菌，因此，蜜环菌培养或天麻栽培时的选地及箱栽所采用的培养料都必须要有良好的通气条件。此外，蜜环菌的生长对温度、光照、pH也有一定要求。蜜环菌菌丝在6~28℃均可生长繁殖，最适生长温度为25~26℃。蜜环菌菌种一般于低温（4℃左右）、黑暗条件下保存，不见光或少见光，这样可以推迟菌索的木质化，延长保存时间，防止退化。蜜环菌在黑暗情况下的生长速度远远大于光照条件下的生长速度，并且其最适生长pH约为3.5。

2. 有性繁殖技术的应用

传统的天麻栽培大多采用无性繁殖方式，但是长期的无性繁殖，会导致天麻种质退化严重。有性繁殖是防治天麻退化的有效技术措施之一，而能否培育出优质的天麻种子，是有性繁殖成败的关键所在。通过人工授粉结实，获取大量种子，播种繁育新的天麻个体。经过初步规模化栽培实践证明，有性繁殖有着无性繁殖无可比拟的优势。天麻有性繁殖过程中的母麻优选、休眠越冬、花期相遇、人工授粉，以及种子采收、播种、管理和收获等各方面均已形成较成熟的配套技术。

（1）母麻优选 生产有性种子的天麻麻种最好选用箭麻，时间在秋、冬两季，选择个体发育好、无损伤、健壮、无病虫害、顶芽饱满、质量在100g以上的箭麻作为培育种子的母麻。母麻选好后要及时定植，以免失水影响播种后的抽薹开花。在较寒冷的地方，则可先对箭麻维持一定的湿度和温度，待温度回升后再定植。

（2）人工授粉 天麻为两性花，实践证明，异株异花授粉优于自花授粉。人工授粉要在天麻花朵开放后1天内完成，该时期柱头和花粉分泌的黏液最多，此时授粉，果实饱满，种子的萌发率高。花粉块成熟的标志是松软膨胀，将花药帽盖稍顶起，在花药帽边缘微现花粉。人工授粉最好要天天进行，尽量随开随接。

（3）种子采收、播种及收获 授粉后18天左右即可采收天麻种子，成熟的天麻种子颜色变浅，手捏可见裂缝。将种子粉末置于电子显微镜下观察，可见黄色胚，用番红染色，显红颜色即表示为优质种子。采收好的种子即可用于播种，播种后一年半可收获。

3. 天麻优良品种的选育

防治天麻品种退化除了有性繁殖以外，优良品种的选育也是非常重要的。要想获得天麻的优良品种，除了从野生天麻中筛选优质高产品种外，也可采用杂交育种、诱变育种、细胞杂交和基因重组等一些先进的生物技术进行天麻育种的研究。目前，天麻的杂交育种应用较为广泛，是培育优质、高产稳产、抗性强的新品种的重要途径之一。天麻变型内的杂交育种，如红天麻或乌天麻内的杂交育种就不需要调节花期；或者调节花期相遇，可以进行天麻变型之间的杂交育种。天麻属不同种间也可以进行杂交。

吴才祥等选择遗传品质异质性大、亲缘关系较远、能优势互补的亲本进行多个组合的远缘杂交，再配以三交、回交或双交方法，获得了理想的稳产高产、优质、抗逆力强的杂交良种。王秋颖等采用杂交育种法培育出了高产且遗传稳定性强的天麻种。还可利用组织培养法将天麻块茎培养为种麻，从而为快速繁殖天麻种麻提供了一种新途径。

4. 采挖野生种麻及异地栽种

野生种麻在各方面特性上优于栽培种麻，采挖野生种麻也是防治天麻退化的有效措施之一。天麻喜欢生长在土质肥沃、通气性好、土层深厚的腐殖土中，采挖野生种麻在春、夏、秋 3 季均可进行。实践证明，天麻不宜在同一个地方连续栽培。因此，种植天麻要因地制宜，进行地区间的麻种交换，一般是从高处向低处移种，在 2~3 代内能保持种性优势，然后再将它们从低处移种到高处，这种纵向由低到高处引种，在一定程度上能将退化的种麻更新复壮，但是这种纵向异地引种的海拔高度差多大较适宜，以及能否采用横向引种等问题还有待进一步深入研究。除了实行轮作、异地栽种以外，还可以实行天麻的倒茬栽培。栽过 2 年天麻的"老坑"，必须倒茬两三年后再种，如果没有倒茬条件，可以考虑换土栽培，改变生产上的粗放连作，这也是天麻和蜜环菌复壮更新的重要措施之一。

——第十章——
天麻的采收与加工

天麻在采收与加工的过程中，应保证质量符合标准，以满足制药企业和医药保健事业的需要。应根据天麻单位面积产量及产品质量（外观性状和内在成分积累等），并参考传统采收经验、季节变化等因素，确定适宜的采收期；采收器具应保持洁净、无污染，存放于干燥、无虫鼠害和无畜禽的场所，以避免二次污染。采收、运输过程中应尽量排除异物及有毒物质的混入，剔除破损、腐烂变质的天麻。天麻块茎采收后，经过挑选、清洗、分级等前处理，以及蒸制加工后，应及时干燥，尽量使有效成分不受或少受破坏。干燥器械和场地必须干净、无污染，并严格按照操作规范来生产。

第一节　天麻的采收

采收既是天麻生产中的重要技术环节，又是影响天麻产量和质量的重要因素。因此，要重视天麻的生长年限、采收季节和采收方法等因素，做到适时科学采收，保证天麻药材的质量。

一　天麻的采收时间

由于我国天麻产区分布广，自然地理条件、栽培时间和方法都不尽相同，故天麻的采收时间应根据当地的自然环境条件、栽培时间和方法等来确定，其遵循的原则是：在天麻停止生长或经过休眠恢复生长前收获，既不影响天麻的品质，又不会产生冻害，还有利于栽培生产。若错过这段"窗口期"，采收的天麻的质量均会降低。如果天麻收获过早，块茎未经过一段休眠，发育不完全，所含水分较多，质量差，产量低，成品率也低。如果过迟收获天麻，春天天麻块茎开始萌动，养分也被消耗，加工成的商品外观与质地差，折干率低，有时在逆境条件下，蜜环菌会发生反消化，吸取天麻营养而影响天麻的产量和质量。在北方或高海拔地区，天麻的生长期短，一般在 9 月末~10 月初停止生长，10 月下旬开始休眠，而冬季严寒易使天麻受冻，因此应在 11 月上旬收获并及时进行加工或防冻储藏。南方及低海拔地区，天麻的生长周期较长，通常在 10 月下旬~11 月上旬才停止生长，而冬季降温较迟，又不十分寒冷，天麻进入休眠的时间晚，可在 11 月下旬~12 月上旬收获，也可在第二年 3 月下旬前收获，用作种麻就可随收随种。

成熟天麻表现为块茎表面颜色加深，由幼嫩时的白黄色转变为浅黄色，皮层稍加厚，顶部呈现有明显的顶芽，白麻和箭麻已能清楚区分，箭麻体大且顶端生长有"鹦哥嘴"形的红色花茎芽，天麻营养茎已大部分腐烂脱落，箭麻体用手指敲击时发出"咚、咚"声，即可收获。

二 天麻的采收方法

目前尚无天麻专用采收机械，仍主要靠人工采挖。天麻采收前，首先要准备好铲、锄等工具和分别盛装箭麻、白麻的器具。分装种麻的用具最好是筐，筐内应事先垫上苔藓、树叶或布片。分装箭麻的用具最好是塑料袋或包装袋。采挖用具和容器应防止被化肥、农药和其他有害物质污染。天麻表皮娇嫩，采挖时应认真细致，注意防止破损，保证麻体完整无损。破损的天麻不但影响外观质量，而且极不耐储存。收获天麻最好选择晴天进行，操作方便，清洁干净，品质好、耐储藏。

采挖天麻时，戴手套，先用锄头除去土壤表层的枯枝及腐烂树叶，再用锹铲去覆盖土。当接近天麻生长层时，要慢慢扒撒培养料。由于箭麻顶芽有向上生长的特性，使得顶芽高度高于菌材，铲土时最容易铲掉顶芽，故应小心铲挖，将近菌材时即用短把洋镐撬起菌棒并拣出天麻。有时两根菌棒间的天麻紧紧挤压在一起，撬棒时容易掰断天麻，故应特别小心。菌棒完全挖出后，应检查坑壁土壤中生长的天麻，尤其是靠土坡上方最易生长天麻，防止漏收。对于室内砖池栽天麻，采挖时可把池一头的砖围去掉，以一头开始逐步向池的对头采收，一般池的边壁处天麻易长，注意细心刨挖。挖出的天麻尽量减少倒筐翻动工序，避免撞伤天麻。

采挖的天麻要进行分类，碰伤的天麻极易染菌而不宜留种，只能留作加工。无机械损伤、色泽正常（浅黄色）、新鲜且无病虫害的米麻和白麻留作种麻，有机械损伤和病虫害的米麻和白麻及箭麻留作加工。将种麻和加工麻分开有利于下一步工作的进行。收获的天麻要及时加工处理，存放时间不能超过 7 天，否则易腐烂，影响质量。

【提示】　天麻采收时注意不要损伤麻体，应四处寻找，不可漏掉成熟的天麻。采收的箭麻应及时加工。

三　天麻的运输

天麻在运输过程中易因碰撞和挤压产生机械损伤，为避免产生此类问题，天麻的运输过程应注意防撞和增设缓冲包材。对于采挖的新鲜天麻，选择麻形端正、麻面干净、无病虫害、无机械损伤的进行包纸套网，然后装箱。一般每个天麻包 1～2 张包装纸包，主要目的是防止水分过分蒸发导致天麻萎蔫。此外，干燥的纸有一定的绝缘作用，能保持天麻较稳定的温度，纸袋包装还可以减少或避免病虫及腐烂麻相互传染病虫，其也能够极大程度地降低天麻在容器内滚动、相互挤压和碰撞的概率，减少机械损伤。装箱的原则是使天麻在箱内排列整齐，能通气而又不互相挤压。装箱时，箱底先放一层垫板，装满后用黏合剂或封口纸封口，天麻包装好后，应通过各种运输渠道尽快运到目的地。

【提示】 可采用在包装箱中垫放苔藓的方法来防止天麻碰撞、挤压和损伤。

四 新鲜天麻的储藏

1. 麻种的储藏

　　天麻的储藏分为箱藏和槽藏 2 种。箱藏是在箱底铺放一层用河沙和锯木屑按 2：1 混合均匀的培养料（湿度保持在 40% ~ 50%），在培养料上平摆麻种，以互不接触为度，再覆盖培养料 2 ~ 3cm，依次摆放第 2 层麻种，如此摆放数层，最上层麻种距离箱顶 8 ~ 10cm，覆盖培养料至与箱口平齐，每层麻种距离箱壁在 5cm 以上。把装好麻种的木箱放入储藏窖内，储藏窖应清洁干燥，窖内温度控制在 3 ~ 4℃，并保持恒定，以利于麻种的休眠。槽藏是在室内挖槽储藏，槽的大小根据麻种的多少而定，一般深 1m，宽 0.5m，槽内温度保持在 0 ~ 5℃。一般用腐殖土或用河沙和锯木屑按 2：1 混合做成培养料，1 层麻种 1 层培养料，最后覆盖 10cm 的腐殖土或培养料，并在培养料上盖好草帘保湿保温。

天麻的采收与加工 第十章

【提示】 种麻储藏的时间不能过长，否则会造成烂种，应合理安排采收和栽培时间。

2. 箭麻的储藏

　　采收后的箭麻应及时加工，若不能及时加工，可将新鲜箭麻采收回来后，保存其表面泥土，装筐放入清洁干燥的房间，在3~5℃条件下存放1~2周，存放筐应透气并在筐上放覆盖物，避免阳光直射和减少水分蒸发。有条件的，可以将其放入冷库保存，冷库温度控制在3~5℃，并保湿，但保存时间不能超过30天，否则天麻也会出现烂心、酸败等问题。

> **【提示】** 新采挖的天麻，表面水分含量较高，通风阴干有利于后期储藏。

第二节　天麻的产地加工

天麻收获后，为了保证其商品质量、临床疗效，应及时进行合理的产地加工。历代医药著作中记载了天麻产地初加工的方法，主要有直接曝干和煮、蒸后再晒干等。2015版《中华人民共和国药典》（简称《中国药典》）则规定，立冬后至第二年清明前采挖天麻，立即洗净、蒸透，敞开低温干燥。目前，天麻产地加工除注意外观形态完美外，还要求降低天麻成品与鲜天麻的干湿比，提高干燥率，降低能耗，提高品质，最重要的是还要保证天麻的有效成分不损失。天麻产地加工主要包括分级、清洗、蒸制、干燥（晾晒或烘烤）、存放5个环节。

一　加工场地要求

加工天麻必须要有专门的加工场地，加工场地应远离污染源，水源应干净。厂房应宽敞、洁净。加工厂应有隔离的分拣、清洗间，蒸制、冷却间，烘房、回潮区，分检区、储藏库。分拣、清洗间要求宽敞，用电、用水、排水便利。蒸制、冷却间要求通风透气，用水和用电方便。冷却场地要求洁净、通风，用电方便。烘房要求洁净、散热散湿畅通，用电方便。阳光晾晒棚要求洁净、通风。分检区要求洁净、通风，检验状态标识要清楚。储藏库要求清洁、通风、干燥、避光、防霉变，以及温度、湿度符合储存要求并具有防鼠、防虫、防禽畜的措施。

　　基本设备包括高压水枪、清洗机、毛刷、蒸锅、风扇、烘箱、烤房等，有条件的可配置分级机、智能烤房、日光晒棚、物流车、紫外杀菌灯、包装机、打码机及货架等。清洗、蒸制、冷却、烘烤、储藏各环节的设施规模要配套。蒸制、冷却间及烘房和储藏库都要有通风口及除湿、调温和防鼠、防虫、防畜禽的措施。加工人员应身体健康、无传染病，经培训能熟练掌握整个初加工工艺流程。

> 【禁忌】 患有传染病、皮肤病或外伤性疾病等的人员不得从事直接接触药材的工作。从事加工、包装、检验的人员应定期进行健康检查，生产企业应配备专人负责环境卫生及个人卫生检查。

二 分级

　　天麻在加工前必须进行分拣分级。这是因为天麻需要蒸制断生，而不同级别的天麻由于大小不一致，在蒸制时很难统一时间。如果大小混蒸，个头小的透心后个头大的还没有透心，而等个头大的透心后个头小的则蒸制过烂。在干燥过程中，小天麻水分蒸发快，先干；大天麻则因水分含量高，干得比较慢。若不将鲜天麻进行分拣分级处理，轻则造成电力、燃料等能源及工时的不必要浪费，重则会造成天麻干燥过火或达不到安全含水量而损失严重。

　　天麻按鲜重大小可分为 5 个等级，依次为：特级（ > 250g/个）、一级（200 ~ 250g/个）、二级（150 ~ 200g/个）、三级（100 ~ 150g/个）和四级（< 100g/个），各级别要求箭芽完整、无病虫害、无创伤破皮、无腐烂。破损及有病虫害的鲜麻统归为等外品。

【禁忌】 分拣分级过程中要挑选出腐烂、虫蛀、破损的天麻和杂质，禁止将腐烂天麻和杂质混在好天麻中。

三 清洗

洗掉分级后的天麻外皮的泥沙、块茎鳞片、粗皮、黑斑，并用清水冲净。以前是人工搓洗，现在一般用高压水枪冲洗或用毛刷式清洗机清洗（图10-1）。用高压水枪冲洗时，将待洗天麻平铺在带孔竹筐或塑料筐中，厚度不宜超过8cm，然后用高压水枪反复冲洗干净即可。也有用带孔厚塑料网和木架做成离地30～50cm的清洗台，将待洗天麻平铺在塑料网上进行高压水枪冲洗。当前也开发出电动毛刷式清洗机，先将待洗天麻装入清洗槽1/2处，槽内放水淹没天麻，开动机器转动毛刷清洗5～10min，排净槽内污水，然后开动机械用清水淋洗5min左右，洗净即可。当天洗净的天麻要及时加工处理，若放置过久，加工出的天麻色泽不鲜亮，并且洗净的天麻长时间暴露在空气中会因氧化褐变而变黑，影响药效和销售价格。

【禁忌】 1）新鲜天麻禁止长时间浸泡在水中，否则会导致天麻的有效成分流失到水中，并且长时间浸泡的天麻加工后产品容易变黑，影响药效和质量。2）清洗过程中禁止用明矾水或漂白粉浸泡天麻，否则会对天麻产生二次污染。3）禁止对天麻进行刮皮处理，否则会造成天麻有效成分的损失。

四 蒸制

天麻洗净后，按不同等级大小放入蒸笼或蒸锅中，用猛火蒸制15～40min。一般特级天麻需要蒸制35～40min，一级天麻需要蒸制30～35min，二级天麻需要蒸制25～30min，三级天麻需要蒸制20～25min，四级天麻需要蒸制15～20min，才能蒸透心。天麻

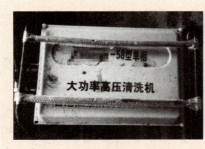

图 10-1　天麻清洗设备

蒸透心的标准为：将天麻对光观察里面没有暗块、黑心，通体透明。蒸制好的天麻应平铺摆放于竹帘上，避免挤压，散净水汽，以利于干燥。

【提示】　天麻蒸制时间一定要掌控好。蒸制时间过短，天麻没有蒸透，会导致干制天麻变黑和中间白心；蒸制时间过久，则会导致天麻皮破汁流，成分损失，折干率降低，外表发红，严重影响质量。

【禁忌】　天麻水煮法会导致天麻素等有效成分大量溶解在水中而造成成分损失，生产上应禁止采用水煮法杀酶。

五　干燥

目前，在天麻产地加工干燥方法中，小批量采收的天麻采用烘炕干燥，大量采收的天麻则采用烤房进行热风循环干燥。如果产地天气晴朗，也可采用日光大棚，白天进行通风晾晒，晚上进行烘炕干燥或烤房烘烤，以减少能耗、较低成本。

1. 烘炕干燥

天麻烘炕的长和宽根据室内实际情况搭建，下部为砖砌炕墙，上部用木制框腔，框底铺竹帘，天麻放在竹帘上，炕内火门

端为火池，后端用火灰或土填高。若加木炭烘炕，竹帘与炭火距离为70~80cm。天麻烘炕温度不宜过高，高则影响天麻表观质量并枯焦，破坏天麻的有效成分。开始时温度以50~55℃为宜，不能超过60℃，温度过高则天麻外层很快干燥，水汽无法排出，易形成硬壳，起泡中空；开始温度过低，则因湿度过大，导致霉菌滋生而引起腐烂。随着烘炕时间的增加，至25h以后，温度逐渐升高，保持75℃左右，至40h即可半干。这时应经常检查，发现鼓包的天麻，用针刺放气，然后用手压扁，防止中空。当麻体干燥至七八成时，取出，用木板将麻体压扁造型。敲击干燥的天麻时能够发出清脆声（水分含量≤15%）。烘炕干燥法的优点在于其投入少、操作简单，普通农户均可实现。但其问题在于耗时长，容易对天麻产生污染。

2. 热风循环干燥

大批量加工天麻，现多采用烤房进行热风循环干燥（图10-2）。将蒸制后的天麻散干水汽，平铺装于竹筐或打眼的塑料框中，厚度不超过5cm，并放置在烘烤架上，烘烤架层架的间距以30cm左右为宜。将烘烤架推入烤房进行烘烤。天麻烘烤前，烤房应提前预热12h，散净烤房内的水分，利于温度迅速升高，防止天麻霉变。装入天麻后，烤房温度应保持在50~55℃，并开风机保持烤房内热风循环（风速要大于1m/s），每隔30min要开排气窗排湿1次，排除烤房内的水汽。烘烤24~48h后（要根据天麻的等级来掌控烘烤时间），应将天麻推出烤房，下架堆放发汗12h，然后继续进入烤房烘烤24~48h，之后继续发汗，直至天麻干透。一般天麻要发汗1~3次（等级低，发汗1次；等级高，发汗2~3次），烘烤96h左右。待90%以上天麻干透后就应停止烘烤，个别大的天麻可选出并延长烘烤时间。

一般4~5kg鲜天麻可加工出1kg干天麻。乌天麻的折干率高，4kg鲜天麻可加工出1kg干天麻；红天麻的含水量高，一般要 5kg 鲜天麻才能加工出 1kg 干天麻；温室或木箱种植的天麻含水量更高，要 5kg 以上的鲜天麻才能加工出 1kg 干天麻；春麻抽薹后采收，采收越晚，其干鲜比越大。

天麻的干燥，除上述方法外，还有用微波干燥、远红外干燥、低温冷冻干燥。现在对天麻干燥的研究不多，今后随着天麻生产向规模化、规范化发展，应用现代科学技术，将使天麻的干燥技术更加完善，并制定出一个科学的标准操作规范。

图 10-2　天麻烤房

六　存放

天麻烘干后，及时装入木箱、竹筐、纸箱内，放入存放间进行存放待检，并注意防潮和霉变。存放间应清洁、干燥、通风，天麻按照加工批次等级有序堆放，并及时抽检和入库储藏。

第三节　天麻的商品规格和质量标准

天麻药材商品规格按照 1984 年颁布的《七十六种药材商品

规格标准》执行，质量标准按照国家药典中的标准执行。

一 商品规格

据国家中医药管理局、中华人民共和国卫生和计划生育委员会制定的药材商品规格标准，加工后天麻按商品质量规格进行分级，一般可分为4个等级。

一等：干货，呈长椭圆形，扁缩弯曲，去净粗栓皮。表面为黄白色，有横环纹，顶端有残留的茎基或红黄色的枯芽。末端有圆盘状的凹脐形疤痕。质坚实，半透明。断面角质，牙为白色。味甘微辛。每千克26支以内，无空心、枯炕、杂质、虫蛀、霉变。

二等：干货，呈长椭圆形，扁缩梢弯，去净栓皮。表面为黄白色，有横环纹，顶端有残留的茎基或红黄色的枯芽。末端有圆盘状的凹脐形疤痕。质坚实，半透明。断面角质，牙为白色。味甘微辛。每千克46支以内，无空心、枯炕、杂质、虫蛀、霉变。

三等：干货，呈长椭圆形，扁缩梢弯，去净栓皮。表面为黄白色，有横环纹，顶端有残留的茎基或红黄色的枯芽。末端有圆盘状的凹脐形疤痕。质坚实，半透明。断面角质，牙为白色或黄色，稍有空心。味甘微辛。每千克90支以内，大小均匀。无枯炕、杂质、虫蛀、霉变。

四等：干货，每千克90支以外，凡不符合一、二、三等的碎块、空心及未去皮者均属此等。无芦茎、杂质、虫蛀、霉变。

【提示】 家种或野生天麻均按此分等。另外，按照天麻采收时间的不同，天麻又分为冬天麻和春天麻，冬天麻即冬季采挖的天麻，春天麻即春季采挖的天麻。

1. 性状

商品天麻呈椭圆形或长条形，略扁，皱缩而稍弯曲，长3.1~5cm，宽1.5~6cm，厚0.5~2cm。表面为黄白色至黄棕色，有纵皱纹及由潜伏芽排列而成的横环纹多轮，有时可见棕褐色菌索。顶端有红棕色至深棕色鹦哥嘴状的芽或残留茎基；另一端有圆脐形疤痕。质坚硬，不易折断，断面较平坦，黄白色至浅棕色，角质样。气微，味甘。

2. 鉴别

1）商品天麻的横切面（图10-3）：表皮有残留，下皮由2~3列切向延长的栓化细胞组成。皮层为10数列多角形细胞，有的含草酸钙针晶束。较老块茎皮层与下皮相接处有2~3列椭圆形厚壁细胞，木化，纹孔明显。中柱占绝大部分，有小型周韧维管束散在；薄壁细胞也含草酸钙针晶束。

粉末为黄白色至黄棕色。厚壁细胞呈椭圆形或类多角形，直径为70~180μm，壁厚为3~8μm，木化，纹孔明显。草酸钙针晶成束或散在，长25~75（93）μm。用醋酸甘油水装片观察含糊化多糖类物质的薄壁细胞无色，有的细胞可见长卵形、长椭圆形或类圆形颗粒，遇碘液显棕色或浅棕紫色。螺纹导管、网纹导管及环纹导管的直径为8~30μm。

2）取本品粉末0.5g，加70%甲醇5mL，超声处理30min，滤过，取滤液作为供试品溶液。另取天麻对照药材0.5g，同法制成对照药材溶液。再取天麻素对照品，加甲醇制成每毫升含1mg的溶液，作为对照品溶液。依照薄层色谱法试验，吸取供试品溶液10μL、对照药材溶液及对照品溶液各5μL，分别点于同一硅胶G薄层板上，以乙酸乙酯-甲醇-水（9:1:0.2）为展开剂，展开，取出，晾干，再喷以10%磷钼酸乙醇溶液，于105℃加热至斑点显色清晰。供试品色谱中，在与对照药材色谱和对照品色谱相应

第十章
天麻的采收与加工

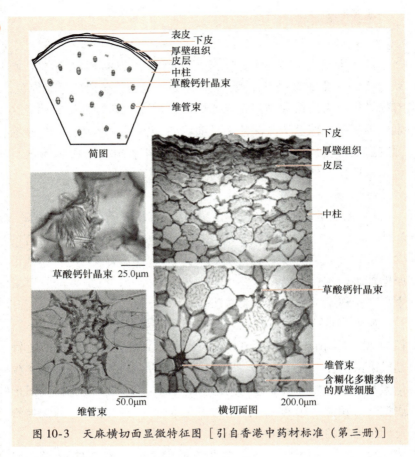

表皮
下皮
厚壁组织
皮层
中柱
草酸钙针晶束
维管束

简图

下皮
厚壁组织
皮层

中柱

草酸钙针晶束 25.0μm

草酸钙针晶束

维管束
含糊化多糖类物
的厚壁细胞

维管束 50.0μm

横切面图 200.0μm

图 10-3　天麻横切面显微特征图 [引自香港中药材标准（第三册）]

的位置上，显相同颜色的斑点。

3）取对羟基苯甲醇对照品，加乙醇制成每 1mL 含 1mg 的溶液，作为对照品溶液。依照薄层色谱法试验，吸取 2）项中供试品溶液 10μL、对照药材溶液及上述对照品溶液各 5μL，分别点于同一硅胶 G 薄层板上，以石油醚（60~90℃）-乙酸乙酯（1:1）为展开剂，展开，取出，晾干，再喷以 10% 磷钼酸乙醇溶液，于 105℃加热至斑点显色清晰。供试品色谱中，在与对照药材色谱和对照品色谱相应的位置上，显相同颜色的斑点。

3. 检查

1）水分：不得超过 15%（药典通则 0832 第二法）。

2）总灰分：不得超过 4.5%（药典通则 2302）。

3）二氧化硫残留量：依照二氧化硫残留量测定法（药典通则 2331）测定，不得过 400mg/kg。

4. 浸出物

依照醇溶性浸出物测定法（药典通则 2201）项下的热浸法测定，用稀乙醇作为溶剂，不得少于 15.0%。

5. 含量测定

照高效液相色谱法（药典通则 0512）测定。

1）色谱条件与系统适应性试验：以十八烷基硅烷键合硅胶为填充剂；以乙腈-0.05% 磷酸溶液（3∶97）为流动相；检测波长为 220nm。理论塔板数按天麻素峰计算应不低于 5000。

2）对照品溶液的制备：取天麻素对照品、对羟基苯甲醇对照品适量，精密称量，加乙腈∶水（3∶97）混合溶液制成每 1mL 含天麻素 50μg、对羟基苯甲醇 25μg 的混合溶液。

3）供试品溶液的制备：取本品粉末（过 3 号筛）约 2g，精密称量，置具塞锥形瓶中，精确加入稀乙醇 50mL，称重，超声处理（功率 120W，频率 40kHz）30min，放冷，再称定重，用稀乙醇补足减失的重量，滤过，精密量取续滤液 10mL，浓缩至近干且无醇味，残渣加乙腈-水（3∶97）混合溶液溶解，转移至 25mL 容量瓶中，用乙腈-水（3∶97）混合溶液稀释至刻度，摇匀，滤过，取续滤液，即得。

4）测定法：分别精密吸取对照品溶液与供试品溶液各 5μL，注入液相色谱仪，测定，即得。

本品按干燥品计算，含天麻素和对羟基苯甲醇的总量不得少于 0.25%。

第十章 天麻的采收与加工

6. 高效液相色谱指纹图谱

1）天麻素对照品溶液（50mg/L）：取天麻素对照品 1.0mg，溶解于 20mL 甲醇中。

2）供试品溶液：取本品粉末 0.2g，置 50mL 试管中，加甲醇 10mL，超声处理（功率 560W，频率 40kHz）30min，用 0.45μm 微孔滤膜（RC）滤过，即得。

3）色谱系统：二极管阵列检测器，检测波长 230nm；4.6mm×250.0mm 十八烷基硅烷键合硅胶（5.0μm）填充柱；流速约 0.8mL/min。以三氟乙酸-乙腈（0.05∶99.95，V/V）-0.05% 三氟乙酸为流动相，线性梯度洗脱（0～60min，三氟乙酸-乙腈：0→30%，0.05% 三氟乙酸：100%→70%），流速为 0.8mL/min。

4）系统适用性要求：吸取天麻素对照品溶液 10μL，注入液相色谱仪，至少重复 5 次。系统适用性参数要求如下：天麻素的峰面积相对标准偏差应不大于 5.0%；天麻素峰的保留时间相对标准偏差应不大于 2.0%；理论塔板数按天麻素峰计算应不低于 20000。

供试品测试中 1 号峰与邻近峰之间的分离度应不低于 1.5（图 10-4）。

5）操作程序：分别吸取天麻素对照品溶液和供试品溶液各 10μL，注入液相色谱仪，并记录色谱图。测定对照品溶液色谱图中天麻素峰的保留时间及供试品溶液色谱图中的 6 个特征峰的保留时间。在相同液相色谱条件下，与相应对照品溶液色谱图中天麻素峰的保留时间比较，鉴定供试品溶液色谱图中的天麻素峰。两个色谱图中天麻素峰的保留时间相差应不大于 2.0%。并计算特征峰的相对保留时间。

天麻提取液的 6 个特征峰的相对保留时间及可变范围为：1 号峰（指标成分峰，天麻素）相对保留时间为 1.00；2 号峰相对保留时间为 1.31（相对于 1 号峰）；3 号峰相对保留时间为 1.71

（相对于 1 号峰）；4 号峰相对保留时间为 1.28（相对于 3 号峰）；5 号峰相对保留时间为 1.36（相对于 3 号峰）；6 号峰相对保留时间为 1.50（相对于 3 号峰）。

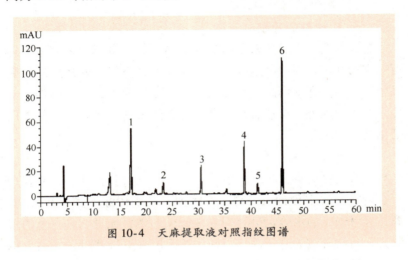

图 10-4　天麻提取液对照指纹图谱

7. 饮 片

1）炮制：洗净，润透或蒸软，切薄片，干燥。

本品呈不规则的薄片。外表皮为浅黄色至黄棕色，有时可见点状排成的横环纹。切面为黄白色至浅棕色。角质样，半透明。气微，味甘。

2）检查：水分含量同药材，不得超过 12%。

3）鉴别（除横切面外）、检查（总灰分、二氧化硫残留量）、浸出物、含量测定同药材。

第四节　天麻药材的包装与储藏

　　正确的包装及储藏方法，对保障天麻药材质量安全、稳定、有效起着重要的作用。包装前应检查并清除劣质品及异物，使用的包装材料应符合天麻药材的质量要求，药材储藏仓库应干净卫生，在应用传统储藏方法的同时，注意选用现代储藏保管新技术、新设备。

一 天麻药材的包装

1. 包装材料的选择

过去的商品天麻多采用麻袋或木箱包装，由于麻袋或木箱具有一定的孔隙，在储藏过程中，长时间接触空气，容易虫蛀和受潮生霉。为了保证商品天麻的质量，防止污染、霉变与损伤，工厂企业采取内外双层包装，内设无污染的塑料袋包装，外包装用清洁的专用纸箱。

2. 包装方法

天麻干燥后应及时进行包装，包装前进行安全检查，检查是否符合安全的水分含量，是否有霉变，是否清除了劣品和废物。商品天麻安全的水分含量为 11% ~ 13%。选择无毒、乳白色的塑料袋，每袋分装天麻干品 1 ~ 2kg，然后用真空机密封，并贴上标签。每箱装 10 ~ 20kg，装箱后严密封闭。

3. 建立批包装记录

每批商品都要建立批包装记录，做好与品名、规格、产地、批号、重量、包装工号及包装日期相关的记录，有条件的要注明成分含量及农药残留和重金属含量，以增强药材商品的透明度。

二 天麻药材的储藏

1. 仓库储藏条件

储藏仓库应干燥、通风、避光、防水、防火、防潮、防虫蛀，必要时安装空调及除湿设备，并具有防鼠、防虫、防畜禽等防护设备。地面应整洁，无缝隙，易清洁。保持仓库温度在 25℃以下，相对湿度低于 60%。应在库房内用角铁等搭建货架，货架要坚固，堆放易检查，消毒处理应方便。货架底层距地面不得少于 20cm，并与墙壁保持足够的距离，防止虫蛀、霉变、腐烂、泛油等现象发生。将纸箱摆放在货架上，便于通风防潮。

2. 影响天麻储藏的因素

(1) 温度 天麻中的天麻素在高温环境中容易挥发，当储藏温度下降到10℃时，天麻的性质最为稳定。

(2) 湿度 高湿环境下，天麻容易感染绿霉菌和黄霉菌，在月平均温度25℃以上，相对湿度大于85%的条件下，天麻的有效成分迅速分解损失。在低温低湿的封冻环境下，天麻虽能长久储藏，可一旦离开这一环境，变质速度会更快，所以，高温高湿和低温低湿都不是天麻的最佳储存条件，最理想的相对湿度为60%左右。

(3) 气流 空气对流强，氧气含量高，天麻的呼吸作用加剧，天麻的有效成分散失加快。因此，适当减弱空气对流，限制天麻的呼吸作用，就能增强其储藏能力，延长保存期限。

3. 天麻的最佳储藏条件

天麻加工后，用0.2~0.24mm厚的聚乙烯塑料袋盛装，密封后储藏于15℃的低温库房内，储藏库的相对湿度应保持在60%，天麻堆积厚度不得超过1.0m。仓库应通风、干燥、阴凉、无异味、避光、无污染并具有防鼠、防虫等设施。药材应存放在货架上并与地面相距20cm、与墙壁相距50cm，堆放层数在8层以内。

储藏期间应定期检查，发现初发霉或轻度虫蛀品应及时暴晒，或置于50℃左右的烘箱烘烤4~5h，然后密封储藏。有条件的地方可进行密封抽氧、充氮养护。

4. 天麻药材储藏期的管理

(1) 搞好环境卫生 搞好仓库内外的环境卫生，及时清除库内外的尘土、垃圾、杂草、废物等，减少病虫来源和滋生场所。

(2) 经常检查 储藏期间，天麻块茎的安全含水量一般为11%~13%。当外界温度、湿度稍高，短时间内即可吸潮发霉。特别是多雨季节，当空气相对湿度在80%以上时，经1周即可出现霉斑。因此，要经常进行检查，发现问题及时妥善处理。潮湿高温的地方要安装空调及除湿设备。

（3）控制仓库内的温度和湿度　一般仓库内的温度保持在15℃以下，空气的相对湿度在60%以下。随着季节变化，当仓库内的温度和湿度不适合储藏条件时，应及时调整。如果仓库内的湿度过大，应及时通风、排潮等。

（4）建立健全保管制度　做好商品产地、加工时间、方法和药材质检记录，以及入库时间、保管措施、出库时间等保管记录，做到有据可查，保管得当。库房工作人员必须履行好各项工作职责，确保天麻产品的质量。

【提示】　天麻药材在储藏期间容易出现的问题：

1）虫蛀：夏季，在保管条件不好的情况下，天麻的块茎很容易被虫蛀成空洞，严重者被蛀空而出现粉末，造成重量减轻、性质发生变化。为害块茎的害虫有咖啡象、玉米象、米象、米扁虫、米黑虫、一点谷蛾等。蛀蚀品表面可见细小的蛀洞、蛀痕、虫丝和碎屑，甚至因虫体及其排泄物的污染，使有效成分受到影响或失去利用价值。虫情严重时，用磷化铝熏杀。

2）发霉：天麻的块茎受潮后，在其表面或内部寄生霉菌。发霉的商品块茎，色泽变暗，表面纵沟及顶芽处可见霉斑，气味异常；吸潮块茎较软润，可折裂，裂口不整齐，断面有白渣，从而影响天麻药材的质量，严重者失去利用价值。

附　　录

月份	物候	主要工作内容	技术措施要求
1~3月	损耗期（箭麻）休眠期（白麻）	1. 冬麻采收和加工	1）及时采收冬麻，冬麻采挖时间不宜超过3月
			2）及时加工冬麻，气温逐渐上升，室内不宜长时间储放天麻，以免抽箭和腐烂
			3）前期将天麻干燥好，及时检查和回烤，防止回潮发霉
		2. 育种准备与生产	1）麻种的挑选与保存
			2）温室育种的场地和设施消毒与麻种定植
			3）室内育苗场地和设施的准备
		3. 白麻定植	白麻的定植不宜晚于3月底
4~5月	抽箭期（箭麻）萌动期（白麻）	1. 春麻的采收和加工	及时采收和加工春麻
		2. 育种生产	1）温室育种箭麻定植后的管理、人工授粉和种子采收
			2）室内育种麻种定植与定植后的管理
		3. 田间管理	1）防冻、抗旱、覆盖、控温、防止践踏，促进种麻及时接菌和换头
			2）开挖栽培坑或畦，准备种子育苗场地
			3）温室育种的种子播种
		4. 菌种生产	蜜环菌、萌发菌一级菌种生产

月份	物候	主要工作内容	技术措施要求
6～8月	结实期（箭麻）白麻期（白麻）发芽期（种子）	1. 育种生产	室内育种箭麻定植后的管理、人工授粉和种子采收
		2. 田间管理	1）室内育种的种子播种
			2）抗旱、防涝、覆盖、控温、防止践踏，促进种子发芽和白麻膨大
			3）培植菌材和菌床
		3. 菌种生产	蜜环菌、萌发菌二级菌种生产
9～11月	箭麻期（箭麻）原球茎生长发育和第一次无性繁殖（种子）	1. 田间管理	1）防涝、覆盖、控温、防止践踏，促进原球茎接菌换头和箭麻膨大
			2）培植菌材
		2. 菌种生产	蜜环菌三级菌种生产
11～12月	损耗期（箭麻）第一次无性繁殖（种子）	1. 田间管理	1）种苗采挖与保存
			2）白麻、米麻冬季栽种
			3）麻种挑选与保存
		2. 冬麻采收和加工	1）及时采收冬麻
			2）及时加工冬麻
		3. 菌种生产	1）蜜环菌三级菌种生产
			2）萌发菌三级菌种生产

附录 B　天麻栽培口诀及注解

周铉　覃卫国　王绍柏

长棒改短棒，活动攻固定。

排种排两头，增加边效应。

施药杀病虫，适当加营养。

麻地应选好，土壤强酸性。

温湿须注意，九十要调控。

1. 长棒改短棒，活动攻固定

目前，我国天麻栽培中最为突出的问题是蜜环菌材的长度和数量不一。菌材长短不同，最长 133.33cm（4 尺），最短 16.65cm（0.5 尺）；菌材用量变幅是 15～50kg/m²；菌材的粗细不一，只用直径为 5～12cm 的粗菌材，很多地方将直径在 5cm 以下的细枝废去不用。笔者根据长改短的指导思想，试验并确定，树木直径以 5～12cm 粗，断筒时以 50cm 长为宜。直径在 5cm 以下的树枝，可砍成 5～10cm 长的短枝，均匀摆放在粗菌材的周围。菌材用量：1m²（或 1 窖）8～10 根，重量为 25～30kg，短枝 4～5kg。用蜜环菌种 2 瓶，建好固定蜜环菌床，用来栽培天麻。

2. 排种两出头，增加边效应

在下种时，要将大种麻放在菌棒的两头，因为菌棒两头透风透气又利水，能使天麻长大并增加天麻的产量。

3. 施药杀病虫，适当加营养

在开始挖天麻栽培窖时，要在窖周围和窖底施农药杀灭各种害虫。在天麻生长旺盛期间可适当加营养，如洒 10% 的土豆煮沸的过滤液 2～3 次。

4. 麻地应选好，土壤强酸性

选择天麻栽培场地时，要选酸性土壤，如果是强酸性土壤则更好。因为，为害天麻的一些真菌，如尖孢镰刀菌，喜在碱性土壤中生长，酸性或强酸性土壤能抑制其生长。

5. 温湿须注意，九十要调控

天麻栽培窖内的温度以 20～26℃ 为宜，相对湿度为 60%～65%。特别是在九、十月，要调控在这个温度和湿度范围内，否则，湿度过大，温度过高，最易导致烂麻。

附录 C 道地药材 昭通天麻（中国中药协会标准 ZGZYXH/T 11-36-2015）

1. 范围

本标准规定了昭通天麻道地药材的术语和定义、来源与植物学性状、历史沿革、生境特征、质量特征及包装、标签、运输要求。

本标准适用于中华人民共和国境内昭通天麻道地药材的鉴定、生产、销售及使用。

2. 规范性引用文件

下列文件中的条款通过本标准的引用而成为本标准的条款。凡是注日期的引用文件，其随后所有的修改单（不包括勘误的内容）或修订版均不适用于本标准，然而，鼓励根据本标准达成协议的各方，研究是否可使用这些文件的最新版本。凡是不注日期的引用文件，其最新版本适用于本标准。

《中华人民共和国药典》2015 年版，一部

GB/T 19776—2008 地理标志产品 昭通天麻

GB/T 191 包装储运图示标志

3. 术语和定义

下列术语和定义适用于本标准。

3.1 道地药材（Daodiherb）

道地药材是指在某一特定自然条件、生态环境的地域内所产的药材，并且生产较为集中，栽培技术、采收加工也都有一定的讲究，以至于较同种药材在其他地区所产者品质佳、疗效好，为世所公认而久负盛名者。

3.2 昭通天麻（Zhaotong Tianma）

昭通天麻产于云南省昭通地区的彝良、镇雄、威信、永善、盐津、大关、绥江、昭阳、巧家、鲁甸、水富产区的天麻道地

药材。

3.3　昭通天麻道地产区（Daodi region）

昭通天麻道地药材主产地，位于云南省昭通地区。

3.4　乌天麻（Wu Tianma）

天麻的一个变型。根状茎呈短椭圆形至卵状椭圆形，花为蓝绿色，茎为灰棕色，带白色纵条纹；花期为 6 ~ 7 月。产于贵州西部、云南东北部至西北部。天麻此变型根状茎的折干率特高，是优良品种，在云南栽培的天麻多为此变型。

3.5　芝麻点（Zimadian）

天麻根茎环节上鳞片腋内的潜伏芽。潜伏芽在根茎环节上呈现出隐约可见的白色斑点，药材上习称为"芝麻点"。

4. 来源及植物学性状

4.1　天麻植物学性状

天麻为兰科天麻属植物，药用部位为根茎，是多年生食菌（靠其溶菌酵素溶解吸收蜜环菌生长）草本植物。植株高 30 ~ 100cm，有时可达 200cm；根状茎肥厚，块茎状，椭圆形至近哑铃形，肉质，长 8 ~ 12cm，直径为 3 ~ 5（7）cm，有时更大，具较密的节，节上被许多三角状宽卵形的鞘。茎直立，圆柱形、橙黄色、黄色、灰棕色或蓝绿色，无绿叶，下部被数枚膜质鞘。总状花序顶生，长 5 ~ 30（ ~ 50）cm；通常具 30 ~ 50 朵花，花苞片呈长圆状披针形，长 1 ~ 1.5cm，膜质；花梗和子房长 7 ~ 12mm，略短于花苞片；花扭转，橙黄色、浅黄色、蓝绿色或黄白色，近直立，花被片下部合生成歪壶状，唇瓣高于花被管 2/3；冠状雄蕊 1 枚，着生于雌蕊上端；子房下位。蒴果呈长圆形至长倒卵状，长 1.4 ~ 1.8cm，宽 8 ~ 9mm，浅褐色。种子多而细小且呈粉状，放大视之呈梭形。花期为 6 ~ 7 月，果期为 7 ~ 8 月。

天麻分为红天麻（天麻原变型）、乌天麻（变型）、绿天麻（变型）、黄天麻（变型）和松天麻（变型）5 个变型。其中，红

附录

天麻、乌天麻为当前主栽优良品种。乌天麻（变型）地下根状茎的折干率高，无性繁殖率较低，适宜生长在高海拔的冷凉山区，产于云南东北部至西北部，以及贵州西部，主要在云南栽培。红天麻（原变型）生长快，适应性强，无性繁殖率高，产于黄河流域与长江流域诸省，目前广泛栽培。

4.2　昭通天麻的植物特征

昭通天麻道地药材为乌天麻（变型），原植物植株高大，高1.5～2m或更高；根状茎呈短椭圆形至卵状椭圆形，长6～12cm，宽4～8cm，厚2～4cm，节间明显，节较密，一般为9～12节，节上麻点较密，大而清晰，单个最大重量达800g，含水量常在70%以内，有时仅为60%；茎为灰棕色，带白色纵条纹；花为蓝绿色；蒴果棱较明显，呈褐色，两棱之间的果皮呈肉色；花期为6～7月。

5. 历史沿革

天麻以"赤箭"之名载于《神农本草经》，曰："赤箭味辛温。主杀鬼，精物蛊毒恶气。久服益气力，长阴，肥健，轻身，增年。一名离母，一名鬼督邮。生川谷。"列为上品。天麻之名首见于《雷公炮炙论》。李时珍在《本草纲目》中将二者合并，称"天麻即赤箭根"。

《名医别录》记载赤箭："生陈仓雍州，及太山少室。三月四月八月采根，暴干。"始记载天麻的产地和加工方法。《吴普本草》也记载赤箭："或生太山，或少室。三月、四月、八月采根，日干。"《开宝本草》记载天麻"天麻生郓州、利州、太山、崂山诸处，五月采根曝干"。上述记载天麻最早产于山东、陕西等地区。

《叙州志》记载："贡天麻为叙府之要务，每年派员从乌蒙（今昭通）之小草坝购得，马帮入川，载以官船，直送京都，皇上分赠诸臣，文武要员以获此赏为荣。"《彝良县志》记载："清乾隆五十年（1785）四川宜宾知府派人来（彝良）小草坝采购天麻给皇帝祝寿。"《昭通志稿》卷九，在药之属记载："天麻，形如黄瓜，味辛麻，治风痹。"《中国土特产大全》记载："云南是我国天麻主产地之一，集中产于昭通地区的镇雄、彝良、威信、大关、盐津、绥江、永善等县，以彝良、镇雄为最多。此外，怒江、丽江、中甸等地也有出产。云南天麻个大，肥厚、饱满、色黄白，明亮，呈半透明状，质坚实，无空心，品质优良，称为云天麻，畅销国内外。"《中国道地药材》记载："天麻主产我国西南诸省，东北、华北亦有分布，云南昭通产者最为驰名。"《中药品种理论与应用》记载："天麻主产于四川、云南、贵州、湖北、陕西等省，东北、华北及西藏等地亦有分布。云南昭通产者最为驰名，习称云天麻，四川宜宾产者亦佳，称川天麻。"《金世元中药材传统鉴别经验》记载："野生天麻主产于云南的昭通、镇雄、永善、巧家、彝良、鲁甸，贵州毕节，四川的宜宾等地。上述品种，新中国成立前多集中在重庆输出，统称'川天麻'，产量大，质量好，尤以云南彝良小草坝的产品最佳，称'地道药材'。此外，湖北、陕西等省亦有部分出产，品质较逊，统称'什路天麻'。"通过上述文献考证，天麻自清朝以来，一直以云南昭通地区为道地产区。

6. 道地产区及生境特征

6.1　道地产区

昭通天麻道地产区为云南昭通的彝良、镇雄、威信、永善、盐津、大关、绥江、昭阳、巧家、鲁甸、水富11县或区，其中以彝良、镇雄两产地及其相邻的周边县区为主。

6.2　天麻的生境特征

天麻为多年生草本植物，喜凉爽湿润气候，生于林隙或林边，海拔400～3200m。野生天麻多生长在我国西南部海拔1300～2800m的山地杂木林区域或针叶与阔叶混林区域，分布于森林损

坏后所形成的竹林、疏林与灌木丛中。生境以石灰岩地层为主，土壤呈酸性至中性，地面有较丰富的开始腐烂的杂木根、茎及枯枝落叶，地下多有大量开始腐烂的树桩脚。产区气候阴冷潮湿，蒸发量小，年降水量多在1000mm以上，全年有半年多的时间为阴雨天，降雨分布比较均匀，并以毛雨为主；冬季有较大的降雪与霜冻，最高温度为29℃，最低温度为－10℃，相对湿度平均多在70%以上。

6.3 昭通天麻的生境特征

云南省昭通市位于金沙江边，为典型的高原地貌构造，受"昆明准静止锋"的影响，很多地方常年阴雨绵绵，雾气腾腾，日照时数较少，为天麻的生长提供了最适宜的气候条件。昭通天麻道地药材一般分布在海拔1400～2400m的山区，主要生长在1500～2100m的区域内。年平均气温为7.9～12.5℃，最冷月（1月）的平均气温为－0.9～2.5℃，最热月（7月）的平均气温为15.2～21.5℃，气候较冷凉；年降水量为972～1125mm，空气相对湿度为70%～90%，常年多雾，冬季有较大的降雪与霜冻。昭通天麻道地药材分布区的土壤含有丰富的腐殖质，质地均匀，物理性状好，含水量常年保持在50%以上，土壤类型大部分为黄沙壤，少数是黄棕壤，土质为酸性，pH为4.0～5.5。昭通天麻道地药材大部分在稀疏的天然林和人工林（杉树、花楸）下仿野生种植，少数生荒地和草地种植，种植区一般含有丰富的蕨类资源。

7. 质量特征

7.1 质量要求

昭通天麻道地药材的质量应符合《中国药典》和《地理标志产品 昭通天麻》（GB19776—2008）对于天麻的所有质量规定。

7.2 昭通天麻道地药材性状特征

昭通天麻与其他天麻的鉴别要点，见表C-1。

表 C-1 昭通天麻与其他天麻的鉴别要点

比较项目	昭 通 天 麻	其他天麻（红天麻）
外形	宽卵形、卵形，稍扁缩，并且短、粗、肩宽、肥厚；长 5 ~ 12cm，宽 1.5 ~ 6cm，厚 0.8 ~ 4cm	长椭圆形或细长条形，略扁，皱缩而稍弯曲，肩部窄，不厚实。长 6 ~ 15cm，宽 1.5 ~ 6cm，厚 0.5 ~ 2cm
外形颜色	表面为灰黄色或浅棕色，有纵向皱褶细纹，习称"姜皮样"	表皮为黄白色至浅黄棕色，有纵皱纹
点状环纹节	有明显的棕色小点状组成的环节，棕色点大且多（20 ~ 30 个），习称"芝麻点"；环节纹深且粗，节较密，一般为 9 ~ 12 节	有潜伏芽排列而成的横环纹多轮，棕色点小且少（10 ~ 20 个），环节纹浅且较细，节较稀，一般在 15 ~ 25 节
花茎牙残留基	完整，呈"鹦哥嘴"状，新鲜个体芽为深棕色，芽较小巧	顶端有鹦哥嘴状的芽或残留茎基。新鲜个体芽为红棕色，芽较大
营养繁殖茎残留基	呈"凹状圆脐形"疤痕，脐眼较小巧	"凹状圆脐形"疤痕不明显，脐眼较粗大
质地	松香断面，质坚实，难折断，断面平坦，半透明革质，白色或浅棕色，体重，质结实，无白心、无空心	质坚硬，不易折断，断面较平坦，黄白色至浅棕色，角质样，易空心
口感	新鲜天麻蒸煮熟后，香糯回甜，粉性足且容易煮烂；干天麻气香特异，较浓，味微甘甜，无酸味	新鲜天麻蒸煮熟后，生脆苦涩，不容易煮烂；干天麻气微、味有苦涩、常有酸味
新鲜个体切面	新鲜天麻切开后断面的乳白色浆汁浓厚、稠密，并且沾刀口	浆汁较少、稀薄，不沾刀口
折干率	含水少（60% ~ 70%），3 ~ 3.5kg 鲜品折干 1kg	含水多（85% 左右），5 ~ 6kg 鲜品折干 1kg

8. 包装、标志和标签、运输及储存

8.1 包装

昭通天麻药材要按照《地理标志产品　昭通天麻》的要求进行标志、包装、运输和储存。

8.2 标志和标签

昭通天麻道地药材应附标签，标签应表明产地、采样时间、批次和采样人，标签应符合《包装储运图示标志》（GB/T 191）的规定。

8.3 运输及储存

运输、储存过程中应防止日晒、雨淋、受潮、发热。切忌水湿雨淋，以防生霉腐败。

附录 D　道地药材特色栽培技术规范　昭通天麻（中国中药协会标准 T/CATCM 59-2016）

1. 范围

本标准规定了昭通天麻道地药材特色栽培的术语和定义、产地环境、选地、整地、播种育苗、大田移栽、田间管理、病虫害防治等技术要求。

本标准适用于云南省昭通市的彝良县、镇雄县、盐津县、永善县、威信县、大关县、绥江县、昭阳区等天麻产区的栽培生产。

2. 规范性引用文件

下列文件对于本文件的应用是必不可少的。凡是注日期的引用文件，仅所注日期的版本适用于本文件。凡是不注日期的引用文件，其最新版本（包括所有的修改单）适用于本文件。

GB 3095—2012　环境空气质量标准

GB 5084　农田灌溉水质量标准

GB 15618　土壤环境质量标准

GB/T 8321　农药合理使用准则

GB/T 19776—2008　地理标志产品　昭通天麻

《中华人民共和国药典》（自动升级至最新版本）一部

3. 术语和定义

3.1　乌天麻

本标准中的天麻是指来源于兰科天麻属植物天麻（*Gastrodia elata* Bl.）的乌天麻（变型）的干燥块茎。

3.2　道地药材

本标准中天麻道地药材是指产于云南省昭通市的彝良县、镇雄县、盐津县、永善县、威信县、大关县、绥江县、昭阳区等地区的天麻药材。

4. 产地环境

4.1　生态环境要求

4.1.1　海拔

适宜海拔为 1400 ~ 2300m。

4.1.2　温度

年平均气温为 7.9 ~ 12.5℃，最冷月（1月）的平均气温为 -0.9 ~ 2.5℃，最热月（7月）的平均气温为 15.2 ~ 21.5℃，气候较冷凉。

4.1.3　水分

一般年降水量为 972 ~ 1125mm，空气相对湿度为 70% ~ 90%，常年多雾，冬季有较大的降雪与霜冻。

4.1.4　土壤

以黄沙壤为主，少数为黄棕壤，土壤质地以结构疏松、保温保湿、通气排水的沙壤土为佳，土壤的 pH 以 5 ~ 6.5 为宜，土层厚度要在 30cm 以上，土壤含水量常年保持在 50% 左右。

4.1.5　地形地势

宜选择坡度在 5°~30° 的坡地种植。冷凉高寒山区，选择在阳坡种植天麻；低海拔高温地区，选择在阴坡或林下种植天麻；半山区，选择半阴半阳坡。

4.2　环境质量要求

4.2.1　土壤

应符合《土壤环境质量标准》（GB15618）二级标准。

4.2.2　灌溉水

应符合《农田灌溉水质量标准》（GB5084）。

4.2.3　空气

应符合《环境空气质量标准》（GB3095—2012）一级标准。

5. 选地

在彝良县、镇雄县、威信县、盐津县、大关县、永善县、绥江县、昭阳区等县区，选择阴雨绵绵、多雨潮湿、雾气大的林区。采用林下仿野生种植。选择稀疏的天然林和人工林（杉树、花楸）下种植，少数生荒地和草地种植，坡地坡度在 5°~30°。种植区一般含有丰富的蕨类资源。土壤大部分为黄沙壤，少数是黄棕壤，土质多为酸性或微酸性，土壤含有丰富的腐殖质，质地均匀、疏松肥沃、保温保湿、通气排水，含水量常年保持在 50% 以上。忌连作，要求选择新地或间隔年限在 5 年以上地块来种植。场地选择要在种植当年的 3 月之前完成。

6. 整地

天麻种植对整地要求不严格，只要砍掉地面过密的杂树、灌木以便于操作，挖掉大块石头，把土表渣滓清除干净就行，不需要翻挖土壤。陡坡的地方可稍整理成小梯田或鱼鳞坑，并有一定的斜度利于排水。雨水多的地方，栽培场地不宜过平，应保持一定坡度，有利于排水。同时，做好种植基地四周的防护。

7. 播种育苗

7.1 种子生产

7.1.1 种麻的选择

要求选择顶芽饱满、无黑斑、健壮、无创伤、无虫害，块茎呈卵形或宽卵形，重量在 100 ~ 300g 的箭麻作为种麻。

7.1.2 育种地的选择

培育天麻种子的场地，选择在管理方便、能避风遮阴的地方，四周不宜与农作物地接壤。现一般选择室内和大棚作为育种室。育种室要有保温、保湿和防风设施，有一定的散射光。

7.1.3 种麻定植

种麻在 2 ~ 4 月定植。采用盆（筐）栽。先在盆（筐）底覆土 10cm，再将种麻按间距 3 ~ 4cm（2 ~ 3 指宽），顶芽垂直向上定植于盆内，覆土 5 ~ 8cm。

7.1.4 种麻管理

育种室中的温度保持在 18 ~ 22℃，空气相对湿度为 70% ~ 85%。天麻抽薹需要部分散射光，忌强光照射。种麻抽薹后用竹竿、木架固定，防止倒伏。种麻抽薹后要注意防治蚜虫和茎秆黑斑病。种麻开花授粉期间必须疏花疏果，底部 3 ~ 4 朵宜摘除，保证种子的种性。距离顶部 3 ~ 5 朵去顶，减少种麻的营养消耗，蒴果比较弱小的需要摘除。

7.1.5 种麻人工授粉

天麻为虫媒花，育种时需要人工授粉。选择开花前 1 天或开花后 3 天内进行人工授粉，一般在 10：00 以前，16：00 以后，避开中午高温低湿时间授粉。授粉时左手轻轻握住花朵基部，右手用授粉针（缝纫针或牙签）慢慢压下花的唇瓣，让雌蕊柱头露出，然后用授粉针刺入花药帽，将花粉块粘放在雌蕊柱头上即可。

附录

7.1.6 种子采收

天麻的果实为蒴果。授粉后 16～25 天，天麻果实自下而上陆续成熟。待蒴果由硬变软，颜色由深乌色变成浅乌色，果缝泛白色，达到将裂果即可采收。采收时直接剪下蒴果基部，放入容器内，防止蒴果裂开后粉种随风飘散。采收后种子应及时播种。如不能及时播种，储藏于 5℃ 左右的低温条件下保存。

7.1.7 种子质量要求

种子千粒重要求在 0.0005g 以上，生活力不低于 35%，发芽率不低于 20%，净度不低于 98%。

7.2 种苗生产

7.2.1 播种时期

播种时期为 6～8 月。

7.2.2 播种前的准备

7.2.2.1 拌种

将萌发菌栽培种（500cm³/袋）撕成单片树叶，放入拌种盆内，将天麻蒴果撕开，抖出种子，均匀播撒在撕好的萌发菌树叶上，并拌匀。拌种量按 4～5 颗蒴果拌 1 袋萌发菌。拌好种后，放入塑料袋，放置在避光房内，室温放置 3～5 天，促进天麻种子充分接种上萌发菌。

7.2.2.2 菌材的处理

将直径为 4～8cm 菌材树棒（一般为青冈、野樱桃、花楸、桦木、毛桃等阔叶树）锯成长 12～15cm 的节段。将直径为 1～2cm 粗的阔叶树树枝砍成 8～10cm 的节段。壳斗科树的干树叶于播种前一天浸泡 1 天，捞出备用；新鲜树叶不需要浸泡直接使用。

7.2.3 菌床铺放

挖长 60cm、宽 40cm、深 25～30cm 的塘，塘底土壤干燥时需浇水，使土壤湿润；按菌材断面间距 2～3cm，节段间距 3～4cm，摆 3 行，每行 5～10 列，所有菌材与坡呈一平面排列；菌材和底土间不留空隙，用土填实，铺满为止，最后用土填好每根菌材之间的空隙。

7.2.4　接菌

两根棒子之间和菌材两端接种 5～6 段蜜环菌栽培种（每塘菌种量为 1 瓶，500cm³/瓶）。

7.2.5　播种

在铺好的菌床上按 1 袋萌发菌撒 4 个塘均匀平铺一层拌种萌发菌树叶。

7.2.6　铺放树枝树叶

在播种的萌发菌树叶上先薄撒上一层阔叶树树枝节段，然后再撒一层 2～3cm 厚的新鲜树叶（或干树叶）。

7.2.7　覆土

先覆新土，以盖满菌材为宜，再覆表层土压紧，厚 10cm 左右。

7.2.8　田间管理

7.2.8.1　温度调控

冬季温度低于 0℃时，在菌床表面加盖落叶或加厚覆土层以保暖；夏季温度高于 30℃时，在菌床表面覆盖树叶或杂草降温。

7.2.8.2　水分管理

雨季及时检查清理积水或撒掉菌床表面土壤上的覆盖物，增加透气性；夏季土壤干旱，适当浇水保持土壤湿润。

7.2.8.3　建栏防护

在人、畜容易到达的种植区域，应建防护栏，防止人、畜践踏。

7.3　种苗采收

7.3.1　采收时间

第二年 11 月下旬～第三年 3 月采收。

7.3.2 采收方法

固定菌床育苗时将菌床表土去除，戴手套轻轻将种苗取出，不能碰伤种苗，按级别放置于阴凉、通风场地。

8. 大田移栽

8.1 菌床培养

8.1.1 菌床挖建

种植当年4~6月挖建菌床。据地形地势，顺坡向挖长60~80cm、宽40~50cm、深20~30cm的培养塘，培养塘底部顺坡向做成5°~15°的斜面，以利于排水。每亩根据地形打200~250个培养塘，培养塘间距50~100cm。

8.1.2 菌材选择

菌材选择长效树种和速效树种搭配使用。长效树种有青冈、栓皮栎、麻栎、板栗、茅栗、水青冈、灯台树、野樱桃、牛奶子、冬瓜杨等。速效树种有桤木、旱冬瓜、两叶桦、红桦、苹果、花楸、苦桃等。菌材要求新鲜且无病虫害。菌材直径要求为5~10cm，超过10cm的可分成2~4段。

8.1.3 菌材加工

将菌材锯成长12cm或20cm左右的节段，长度尽量保持一致。

8.1.4 摆放菌材

按长效树种/速效树种＝6/4，粗细搭配摆放菌材。在已挖好的培养塘底铺一层松软新土。陡坡地块菌材顺坡向横放2~3根（木段平行于等高线，12cm长摆3根，20cm长摆2根），竖放5~10排（根据菌材直径的大小决定排数），铺满为止；缓坡地块菌材顺坡向竖放3~5根（木段摆放方向垂直于等高线，12cm长摆5根，20cm长摆3根），横放4~6排（根据菌材直径的大小决定排数），铺满为止；相邻两木段间和断面间距2~3cm；菌材和底土间不留空隙，铺满后，用土填好表面空隙。

8.1.5　接菌

在菌材两端和中间接种 5～6 段蜜环菌栽培种（每个塘的菌种量为 1 瓶，500cm³/瓶），再在菌材上撒一层长度不超过 5cm、直径小于 2cm 的新鲜小树枝或新鲜树叶进行引菌。

8.1.6　覆土

先覆新土，以盖满菌材为宜，高 3～5cm。再覆表层土，5～10cm（干燥地区覆表层土可稍厚，表面呈平面；湿润地区覆表层土可适当薄一些，表面呈龟背垅面）。

8.1.7　盖塘

在菌床表土上覆盖一层树叶，保墒和防太阳直射。

8.1.8　菌床管理

8.1.8.1　温度调控

夏季温度高于 30℃时，在菌床表面覆盖树叶或杂草降温。

8.1.8.2　水分管理

夏季土壤干旱，适当浇水保持土壤湿润，使之手握成团，落地能散。雨季及时检查清理好排水沟或撤掉菌床表面土壤上的覆盖物，增加透气性。

8.1.8.3　除草松土

及时清除天麻塘面和地沟表面的杂草。

8.1.8.4　建栏防护

在人、畜容易到达的种植区域，应建防护栏，防止人、畜践踏。

8.2　田间种植

8.2.1　种植季节

培养菌床当年的 12 月～第二年 3 月进行商品麻定植。

8.2.2　种苗选择

生产所用种苗主要是指有性繁殖 0～2 代的白麻。白麻以 5～30g 为宜。无机械损伤，外观色泽正常，新鲜且为浅黄色，无病虫害。

附录

8.2.3 种植要求

种植时选择晴天，避免冰冻、下雪和雨天等天气种植。种植过程中应避免杂菌污染。

8.2.4 种植方法

挖开已培养好菌床的表土，在相邻两根菌材断面间放 1 个白麻，菌材靠塘边断面处放 1 个白麻，白麻脐眼靠近菌材断端蜜环菌丛处，茎芽斜向上。放置好白麻后，再在白麻脐眼四周摆放 3~5 根引菌材（新鲜小木段，粗 2~5cm，长 4~5cm，木段断面为斜切），而后先覆新土 3~5cm，再覆表层土 5~10cm（干燥地区覆表层土可稍厚，表面呈平面；湿润地区覆表层土可适当薄一些，表面呈龟背垅面，利于排水）。

8.2.5 盖塘

定植完后在塘表土上覆盖一层树叶，保墒和防太阳直射。

8.3 田间管理

8.3.1 温度调控

早春温度低于 0℃时，在菌床表面加盖落叶或加厚覆土层以保暖；夏季温度高于 30℃时，方法同菌床管理。

8.3.2 水分管理

7~9 月雨季应及时清理好排水沟或撤掉菌床表面土壤上的覆盖物，排除多余雨水。

8.3.3 打草盖塘

4 月中上旬和 7 月下旬，及时割除天麻种植地的杂草，并将其覆盖于菌床表土上。

8.3.4 建栏防护

在人、畜容易到达的种植区域，应建防护栏，防止人、畜践踏。

9. 病虫害防治

9.1 综合防治原则

昭通天麻病虫害的防治要认真贯彻"预防为主，综合防治"

的植保方针，采取农业综合防治措施，创造有利于天麻生长发育，不利于各种病菌繁殖、侵染、传播的环境条件，将有害生物控制在允许范围内，使经济损失降到最低限度。

9.2 块茎腐烂病的防治

9.2.1 选地

选择荒地栽天麻，减少重茬引起的杂菌危害。种植地块要选择排水良好的土壤。

9.2.2 菌种纯

培养菌枝、菌材、菌床时所选用的蜜环菌种一定要纯。

9.2.3 加大接菌量

在培养菌材、菌床、菌枝时，多加点蜜环菌种。

9.2.4 选择新鲜木段培养菌材

培养菌材、菌床时应随砍随育，尽量不用干材培菌。栽培年限不宜过长，最好一年一收。

9.2.5 菌坑不宜过大过深

地下水位高或降水量大的地区，菌坑宜小和浅，防止菌坑过大过深造成淹窖和土壤过湿。

9.2.6 注意控制菌坑湿度变化

保持培养塘适宜的湿度，湿度过大应去掉或减薄覆盖物，使之通风，或者周围挖排水沟；天旱时应浇水。

9.2.7 杀灭菌材上杂菌

菌材上轻微污染的杂菌，可将菌材在太阳下翻晒 2~3 天，晒死表面的杂菌和蜜环菌。如果杂菌污染较重，便不宜再用。

9.2.8 严格选种

选择生长健壮、颜色正常的块茎做种，严禁使用有病征和受伤的天麻块茎做种。

9.3 蜜环菌病理侵染防治

9.3.1 选地

选择排水较好的沙壤土及腐殖土栽培天麻，促进天麻旺盛生长，提高抵抗力。

9.3.2　清好排水沟

雨季应开好排水沟，尤其是容易积水的地块和平地更应注意排除积水。

9.3.3　提前采挖

9月下旬~10月上旬雨水太大时，一方面应注意排水，同时应经常检查，发现有天麻被蜜环菌危害，则应考虑提前收获。

9.4　蝼蛄的防治

9.4.1　灯光诱杀

利用蝼蛄趋光性强的特性，在有电源的地方，设置黑光灯诱杀成虫。

9.4.2　药剂防治

用敌百虫0.15kg兑水成30倍液，拌成毒谷或毒饵诱杀。选择无风闷热的傍晚，将毒谷或毒饵撒在蝼蛄活动的隧道处诱杀。

9.5　蛴螬的防治

9.5.1　人工捕捉

在整地和栽种收获天麻时，将挖出的蛴螬逐个消灭。

9.5.2　灯光诱杀

利用蛴螬趋光性强的特性，在有电源的地方，设置黑光灯诱杀成虫。

9.6　鼠害防治

以物理机械防治为主，对死鼠应及时收集深埋。

10. 道地药材栽培特色（或关键栽培技术）

10.1　种源选择

昭通天麻道地药材为乌天麻（变型），原植物植株高大，高1.5~2m或更高；根状茎呈短椭圆形至卵状椭圆形，前端有明显的肩，节间明显，节少且较密，一般为9~12节，节上麻点较密，大而清晰，个大，单个最大重量达 800g；含水量常在 70% 以内，有时仅为 60%，一般 3.5～4.5kg 可加工干天麻 1kg，商品天麻坚实，品质优良。乌天麻适生于高海拔冷凉山区（海拔在 1500m 以上）。

10.2　产地选择

选择金沙江流域乌蒙山区种植，受"昆明准静止锋"的影响，该区域常年阴雨绵绵，雾气腾腾，日照时数较少；土壤含有丰富的腐殖质，质地均匀、疏松肥沃、保温保湿、通气排水，含水量常年保持在 50% 以上，气候和土壤非常适合天麻种植生长，栽培出来的天麻个大且品质好。

10.3　林下仿野生种植

昭通天麻采用林下仿野生种植。选择稀疏天然林和人工林（杉树、花楸）下种植，种植地为生荒地，林下采用挖小塘（长 60～80cm、宽 40～50cm、深 20～30cm 的培养塘）培养菌床，整个天麻种植期间不施农药化肥，种植条件接近野生天麻的生长环境，保证天麻有机、生态和药材品质。

10.4　种植周期长

昭通天麻属于晚熟品种，开花结实晚，播种当年形成不了白麻，播种第二年才能形成白麻（育苗要一年半），因而天麻全种植周期为两年半，较陕西、湖北、安徽等红天麻产区的天麻种植周期要长一年（这些产区育苗仅半年，全生育期为一年半）。

10.5　单层种植

昭通天麻菌床培养为单层菌材培养（其他产地为双层菌材），菌材上面种植天麻（其他产地放置 2 层菌材，因而是在菌材旁边种植天麻），并在定植白麻旁边放置小引菌材（其他产地不放引菌材），种出的天麻个头大、短粗浑圆、体结实、折干率高、商品性状好。

附录E 道地药材产地加工技术规范 昭通天麻（中国中药协会标准 T/CATCM 100-2016）

1. 范围

本标准规定了昭通天麻道地药材特色产地加工的术语和定义、采收、产地加工、包装、储藏等技术要求。

本标准适用于云南省昭通市的彝良县、镇雄县、盐津县、永善县、威信县、大关县、绥江县、昭阳区等地区道地药材昭通天麻的产地加工。

2. 规范性引用文件

下列文件对于本文件的应用是必不可少的。凡是注日期的引用文件，仅所注日期的版本适用于本文件。凡是不注日期的引用文件，其最新版本（包括所有的修改单）适用于本文件。

《定量包装商品计量监督管理办法》（国家质量监督检验检疫总局令第 75 号）

GB/T 19776—2008 地理标志产品 昭通天麻

《中华人民共和国药典》（自动升级至最新版本）一部

3. 术语和定义

3.1 乌天麻

本标准中天麻是指来源于兰科天麻属植物天麻（*Gastrodia elata* Bl.）的乌天麻（变型）的干燥块茎。

3.2 道地药材

本标准中天麻道地药材是指产于云南省昭通市的彝良县、镇雄县、盐津县、永善县、威信县、大关县、绥江县、昭阳区等地区的天麻药材。

4. 采收

4.1 采收时期

天麻种植当年 11 月 ~ 第二年 3 月。

4.2 采收方法

先用挖锄铲去表层土，用手小心取出天麻，严防器械损伤。

4.3 菌床清理

天麻采挖后，应及时清理菌材，可再利用的菌材留在菌床内，发现感染杂菌的菌材或腐烂过度的菌材可风干当作柴烧。

4.4 运输及储存

采收的天麻不耐长途运输，若需长途运输，需用透气性好的装载工具（如竹篓）并加上少量海花或蕨草保持新鲜。鲜天麻运回后应及时加工，如不能及时加工，应置于库房存放，库房温度不高于10℃，库房应宽敞、通风，鲜天麻的储存时间不能超过1周。若需长期储存，应埋沙保存，温度不高于10℃。

5. 产地加工

5.1 分拣

天麻运回加工场地后，按天麻的大小进行分拣。根据天麻的大小可分为3个等级，一级麻单个重150g以上，二级麻重75～150g，75g以下和碰伤挖断的为三级麻。

5.2 清洗

分拣后的天麻运往清洗车间，先用高压水枪冲去表层泥土，再用毛刷小心洗净。清洗天麻时不要去鳞片，不刮外皮，清洗过程中小心保护顶芽，避免损伤。洗净的天麻放置时间不能过长或过夜，要及时蒸煮，以保持新鲜的色泽和质量。

5.3 蒸制

洗净的天麻及时运往蒸制车间进行蒸制加工。天麻按大小分别放入蒸笼中蒸制，待水蒸气温度高于100℃以后，250g以上的天麻蒸35～40min，200～250g的天麻蒸30～35min，150～200g的天麻蒸20～25min，100～150g的天麻蒸15～20min，100g以下的天麻蒸10～15min。以蒸透未见白心为度，未透或过透均不适宜。

5.4 晾冷

蒸制好的天麻摊开晾冷，晾干麻体表面的水汽。

5.5 干燥

5.5.1 铺放天麻

晾干水汽的天麻及时运往烘房，均匀平摊于竹帘或木层架上。

5.5.2 高温烘制

将烘房的温度升至 40～50℃，烘烤 3～4h；再将烘房温度升至 55～60℃，烘烤 12～18h，使麻体表面微皱。烘烤过程中烘房要装鼓风设备，吹风排干烘房中的湿气，以利于天麻脱水干燥。

5.5.3 密封回潮

高温烘制后的天麻集中堆放于回潮房，在室温条件下密封回潮 12h，待麻体表面平整。

5.5.4 低温烘制

回潮后的天麻在 45～50℃条件下继续烘烤 24～48h，烘至天麻块茎有 5～6 成干。

5.5.5 回潮定型

回潮方法同上，回潮后麻体柔软，进行人工定型。

5.5.6 反复烘干

重复步骤 5.5.4～5.5.5 直至烘干，整个烘干过程需要 10～15 天。

5.6 分级

将烘干天麻置于拣选台上，按个头大小进行分类，再按规格和感观进行分级。规格划分为：26 支/kg、46 支/kg、90 支/kg、90 支/kg 以上。

6. 包装

将检验合格的产品按不同商品规格分级包装。在包装物上应注明产地、品名、等级、净重、毛重、生产者、生产日期及批号。

7. 储藏

天麻加工产品储存在清洁卫生、通风干燥、防潮、防虫蛀、无异味的库房中。定期检查天麻的储存情况，必要时定期进行翻晒，防止霉变。

8. 道地药材产地加工特色

8.1 适时采挖

昭通天麻产地气候寒冷，天麻生育期长（昭通天麻属于晚熟品种），一般选择11月~第二年3月采收（昭通天麻的采收期比其他产地晚1~2个月，箭麻抽薹开花也比其他产地晚1~2个月），保证天麻块茎饱满结实，折干率高。

8.2 反复烘烤回潮

昭通天麻新鲜个体个头大、短粗浑圆、体结实、折干率高，因而干燥过程中难以一次烘透。在昭通产地采用反复烘烤和密封回潮的方式（一般烘烤回潮3~5次，较其他产地多2~3次），这样可使天麻块根干燥时脱水均匀、块根表皮紧缩光滑、内部坚实不空心、折干率高。

附录 F　常见计量单位名称与符号对照表

量 的 名 称	单 位 名 称	单 位 符 号
长度	千米	km
	米	m
	厘米	cm
	毫米	mm
	微米	μm
面积	公顷	ha
	平方千米（平方公里）	km^2
	平方米	m^2

量 的 名 称	单 位 名 称	单 位 符 号
体积	立方米	m^3
	升	L
	毫升	mL
质量	吨	t
	千克（公斤）	kg
	克	g
	毫克	mg
物质的量	摩尔	mol
时间	小时	h
	分	min
	秒	s
温度	摄氏度	℃
平面角	度	(°)
能量，热量	兆焦	MJ
	千焦	kJ
	焦［耳］	J
功率	瓦［特］	W
	千瓦［特］	kW
电压	伏［特］	V
压力，压强	帕［斯卡］	Pa
电流	安［培］	A

参 考 文 献

［1］ 尚志钧.神农本草经校注［M］.北京：学苑出版社，2008.

［2］ 李时珍.本草纲目（校点本）［M］.北京：人民卫生出版社，1979.

［3］ 南京中医药大学.中药大辞典［M］.上海：上海科学技术出版社，2006.

［4］ 国家中医药管理局《中华本草》编委会.中华本草［M］.上海：上海科学技术出版社，1999.

［5］ 徐锦堂.中国天麻栽培学［M］.北京：北京医科大学中国协和医科大学联合出版社，1993.

［6］ 周铉，杨兴华，梁汉兴，等.天麻形态学［M］.北京：科学出版社，1987.

［7］ 吴连举，关一鸣，王英平，等.天麻标准化生产与加工利用一学就会［M］.北京：化学工业出版社，2013.

［8］ 王秋颖，郭顺星.天麻人工栽培技术［M］.北京：中国农业出版社，2002.

［9］ 郭兰萍，黄璐琦，谢晓亮.道地药材特色栽培及产地加工技术规范［M］.上海：上海科学技术出版社，2016.

［10］《云南名特药材种植技术丛书》编委会.天麻［M］.昆明：云南科技出版社，2013.

［11］ 吴连举.无公害天麻标准化生产［M］.北京：中国农业出版社，2006.

［12］ 蔡永萍，于力文，张鹤英，等.天麻的组织培养及快速繁殖［J］.中草药，2001，32（5）：445-446.

［13］ 陈金兰，孟凡胜.天麻人工栽培技术［J］.农村科学实验，2002（3）：30.

［14］ 葛进，刘大会，崔秀明，等.昭通产乌天麻的变温干燥工艺研究［J］.中草药，2015，46（24）：3675-3681.

［15］ 郭顺星，徐锦堂，肖培根，等.蜜环菌的化学成分及应用研究［J］.微生物学通报，1996，23（4）239-240.

［16］ 郭顺星，徐锦堂．蜜环菌索发育的研究［J］．真菌学报，1992，11（4）：308-313.

［17］ 郭顺星，徐锦堂，肖培根．蜜环菌隔膜发育的超微结构的研究［J］．中国医学科学院学报，1996，18（5）：363-369

［18］ 韩向宁，王建国，赵红兵．天麻生产存在的问题及解决对策［J］．农业科技通讯，2013（9）195-196.

［19］ 江曙，段金廒，陶金华，等．天麻退化机制及其防治技术体系的研究思路与方法［J］．中草药，2011，42（1）：201-204.

［20］ 兰进，徐锦堂，李京淑，等．蜜环菌和天麻共生营养关系的放射性自显影研究［J］．真菌学报，1994，13（3）：219-222.

［21］ 李洪益，李虎杰．天麻病虫害的常见类型及其防治［J］．特产研究，2003，25（3）：38-41.

［22］ 李永荷，杨先义，罗永猛，等．林下仿野生天麻种植技术［J］．林副产品，2015（9）：89-91.

［23］ 李云，王志伟，刘大会，等．天麻化学成分研究进展［J］．山东科学，2016，29（4）：24-29.

［24］ 李云，王志伟，耿岩玲，等．基于 HPLC-ESI-TOF/MS 法分析测定乌天麻和红天麻中化学成分的研究［J］．天然产物研究与开发，2016（11）：1758-1763.

［25］ 李云，王志伟，耿岩玲，等．天麻素注射液的药理机制及临床应用研究进展［J］．中国药房，2016，29（32）：4602-4609.

［26］ 林文，张士义．东北地区天麻有性繁殖技术［J］．食用菌，2005，27（2）：39.

［27］ 刘炳仁．怎样防止天麻品种的退化［J］．特种经济动植物，2003（11）：26-27.

［28］ 刘炳仁．天麻有性繁殖四下池伴栽法［J］．特种经济动植物，2004（1）：24-25.

［29］ 刘金美，田治蛟，戴塈，等．昭通乌天麻最佳采收期研究［J］．中国现代中药，2015，17（12）：1151-1154.

［30］ 刘旭燕，张公信，田孟华，等．不同等级昭通乌天麻与其他产地天麻的天麻素含量测定及比较［J］．中国现代中药，2015，17（1）：

35-38.

[31] 卢学琴. 蜜环菌 A9 培养基的筛选 [J]. 食用菌, 2008, 30 (1): 25-26.

[32] 马丽虹, 王传杰. 天麻种植技术要点 [J]. 现代中药研究与实践, 2003, 17 (4): 34.

[33] 史清文, 杨章群, 顾吉顺. 中药天麻的研究概况 [J]. 中医药信息, 1992 (1): 36.

[34] 石子为, 马聪吉, 康传志, 等. 基于空间分析的昭通天麻生态适宜性区划研究 [J]. 中国中药杂志, 2016, 41 (17): 3155-3163.

[35] 孙士青, 陈贯红. 不同来源蜜环菌对天麻生物产量的影响及天麻素含量的影响 [J]. 山东科学, 2003, 16 (2): 7-10.

[36] 孙士青, 马耀宏, 孟庆军, 等. 野生、退化、复壮蜜环菌对天麻产量及天麻素量的影响 [J]. 中草药, 2009, 40 (8): 1300-1302.

[37] 谭德仁, 严登, 王官相. 天麻一代和多代栽培对比及添加配料试验 [J]. 林业科技开发, 2007, 21 (4): 81-83.

[38] 田治蛟, 刘金美, 戴堃, 等. 不同干燥方法和蒸制时间对昭通天麻药材质量的影响 [J]. 西南农业学报, 2016, 29 (7): 1701-1705.

[39] 王贺, 王震宇, 张福锁, 等. 天麻大型细胞消化蜜环菌过程中溶酶体小泡的作用 [J]. 植物学报, 1992, 34 (6): 405-409.

[40] 王丽, 马聪吉, 刘大会, 等. 昭通天麻地下块茎产量与主要农艺性状的相关及通径分析 [J]. 中国中药杂志, 2017, 42 (4): 644-648.

[41] 王丽, 马聪吉, 吕德芳, 等. 云南昭通天麻仿野生栽培技术的规范化管理 [J]. 中国现代中药, 2017, 19 (3): 358-364.

[42] 王丽, 马聪吉, 张智慧, 等. 不同定植密度和种苗等级对乌天麻地下块茎主要农艺性状和经济指标的影响 [J]. 西南农业学报, 2017, 30 (1): 62-66.

[43] 王秋颖, 郭顺星. 天麻优良品种选育的初步研究 [J]. 中国中药杂志, 2001, 26 (11): 744-746.

[44] 王绍柏, 余昌俊. 论天麻的退化及防治措施 [J]. 中国食用菌, 1997, 16 (5): 12-13.

参考文献

[45] 王晓玲，王晓多，刘安发，等．天麻共生蜜环菌生长情况的试验研究［J］．贵州医学院学报，2005，30（4）：340-341.

[46] 王兴文，方波，杨廉玺，等．昭通野生和栽培天麻中微量元素及氨基酸化学成分研究［J］．云南中医学院学报，1994，17（4）：1-5.

[47] 吴才祥，杨晟永，葛芝富．天麻远缘杂交育种初报［J］．湖南林业科技，2007，34（1）：23-25.

[48] 吴丽伟．天麻、蜜环菌化感现象及天麻连作障碍原因探讨［D］．北京：北京协和医学院，2009.

[49] 谢笑天，李海燕，王强，等．天麻化学成分研究概况［J］．云南师范大学学报，2004，24（3）：22-25.

[50] 谢渊，张小蕾，李毅，等．AFLP 技术在天麻遗传变异研究中的初步应用［J］．植物生理学通讯，2007，43（1）：141-144.

[51] 杨峻山，苏亚伦，王玉兰，等．蜜环菌菌丝体化学成分的研究（Ⅴ）［J］．药学学报，1990（1）：24-28.

[52] 杨峻山，苏亚伦，王玉兰，等．蜜环菌菌丝体化学成分的研究（Ⅵ）［J］．药学学报，1990（5）：353-356.

[53] 杨峻山，苏亚伦，王玉兰，等．蜜环菌菌丝体化学成分的研究（Ⅶ）［J］．药学学报，1991（2）：117-122.

[54] 杨世林，兰进，徐锦堂．天麻的研究进展［J］．中草药，2000，31（1）：66-69.

[55] 杨增明，胡忠．天麻球茎几丁质酶和 β-1，3-葡聚糖酶的初步研究［J］．云南植物研究，1990，12（4）：421-426.

[56] 殷红．天麻栽培一种蜜环菌复壮的简易方法［J］．陕西中医学院学报，1995，18（3）：38.

[57] 曾令祥．天麻主要病虫害及防治技术［J］．贵州农业科学，2003，31（5）：54-56.

[58] 张博华，刘威，赵致，等．贵州仿野生栽培红天麻的生活史及物候期研究［J］．中国中药杂志，2014，39（22）：4311-4316.

[59] 张公信，余显伦，田孟华，等．不同产区和等级昭通天麻的矿质元素含量特征分析［J］．西南农业学报，2016，29（6）：1392-1397.

[60] 张国庆，陈青君，郭亚萍，等．北方温室天麻栽培技术［J］．北方

园艺，2013（15）：160～161.

[61] 赵俊，赵杰. 中国蜜环菌的种类及其在天麻栽培中的应用［J］. 食用菌学报，2007，14（1）：67-70.

[62] 周俊，浦湘渝，杨雁宾. 新鲜天麻的九种酚性成分［J］. 科学通报，1981（18）：1118-1120.

[63] 周俊，杨雁宾，杨崇仁. 天麻的化学研究（Ⅰ）天麻化学成分的分离和鉴定［J］. 化学学报，1979，37（3）：183-189.

[64] 周元，梁宗锁，张跃进，等. 天麻开花及授粉特性研究［J］. 西北农林科技大学学报（自然科学版），2005（3）：33.

参考文献

ISBN：978-7-111-56696-0

定价：35.00 元

ISBN：978-7-111-47467-8

定价：25.00 元

ISBN：978-7-111-52723-7

定价：39.80 元

ISBN：978-7-111-56074-6

定价：39.80 元

ISBN：978-7-111-57310-4

定价：29.80 元

ISBN：978-7-111-55397-7

定价：29.80 元

ISBN：978-7-111-56476-8

定价：39.80 元

ISBN：978-7-111-52107-5

定价：25.00 元

ISBN：978-7-111-55670-1

定价：59.80

ISBN：978-7-111-57263-3

定价：39.80 元